U0805695

全国高职高专机电类专业规划教材

电工测量

主　编　刘露萍
副主编　王　维　林　珑
主　审　单启兵

黄河水利出版社
·郑州·

内容提要

本书是全国高职高专机电类专业规划教材，是根据教育部对高职高专教育的教学基本要求及中国水利教育协会全国水利水电高职教研会制定的电工测量课程标准编写完成的。全书共四章，全面讲述了电工测量的基础知识和实验内容，主要内容包括电工测量与仪表的基础知识、常用电工仪表简介、电工实验的基本原则和正确操作以及实验。本书依据高职院校教育的特点，着重阐述电工实验内容，密切联系实际生产，力求做到重点突出。

本书可作为高职高专院校发电厂及电力系统、继电保护、供电技术、高电压技术、电气设备运行与维护等专业的教材，亦可作为电力行业和企事业单位相关专业技术人员的参考书。

图书在版编目(CIP)数据

电工测量/刘露萍主编.—郑州：黄河水利出版社，2011.10 （2015.7 重印）
全国高职高专机电类专业规划教材
ISBN 978-7-5509-0132-2

Ⅰ.①电… Ⅱ.①刘… Ⅲ.①电气测量-高等职业教育-教材 Ⅳ.①TM93

中国版本图书馆 CIP 数据核字(2011)第 209138 号

组稿编辑：王路平 电话：0371-66022212 E-mail：hhslwlp@163.com
简 群 66026749 w_jq001@163.com

出 版 社：黄河水利出版社
地址：河南省郑州市顺河路黄委会综合楼 14 层 邮政编码：450003
发行单位：黄河水利出版社
发行部电话：0371-66026940、66020550、66028024、66022620(传真)
E-mail：hhslcbs@126.com
承印单位：黄河水利委员会印刷厂
开本：787 mm×1 092 mm 1/16
印张：6
字数：140 千字 印数：4 101—6 000
版次：2011 年 10 月第 1 版 印次：2015 年 7 月第 2 次印刷

定价：16.00 元

前言

本书是根据《教育部、财政部关于实施国家示范性高等职业院校建设计划，加快高等职业教育改革与发展的意见》（教高[2006]14号）、《教育部关于全面提高高等职业教育教学质量的若干意见》（教高[2006]16号）、《教育部关于推进高等职业教育改革和发展的若干意见》（征求意见稿）等文件精神，由全国水利水电高职教研会拟定的教材编写规划，在中国水利教育协会指导下，由全国水利水电高职教研会组织编写的机电类专业规划教材。该套规划教材是在近年来我国高职高专院校专业建设和课程建设不断深化改革和探索的基础上组织编写的，内容上力求体现高职教育理念，注重对学生应用能力和实践能力的培养，形式上力求做到基于工作任务和工作过程编写，便于"教、学、练、做"一体化，力求成为一套理论联系实际、教学面向生产的高职高专教育精品规划教材。

为了适应高等学校人才培养的需求，使学生的工程技术素质和动手能力得到提高，高等教育必须改革，改革的重点是教学内容。为此，我们在开设电路基础课的同时，另外并行地单独开设了一门课程——电工测量。电工测量是一门以电工测量的基础知识和基本技能为核心，以理论与实践相结合为方法，以实验为重点的课程。通过对本课程的学习，学生能够掌握电工测量的基本知识和常见电气的测量方法；掌握常用电工仪器、仪表的正确使用方法；提高自身的动手能力和观察能力；培养自身理论联系实际、分析和解决实际问题的综合能力，为今后的专业课实验和生产实践打下坚实的基础。

本书共分四章。第一章介绍了电工测量与仪表的基础知识，包括基本测量方法、误差和误差分析、电测量指示仪表的组成、测量机构、主要技术指标以及使用方法。第二章介绍了4种系别的电工仪表的结构、工作原理及使用，另外，还介绍了实验室常用的万用表、稳压电源等。第三章介绍了电工测量的方案设计、一般步骤、常见故障的分析与排除、测量数据的采集与处理。第四章安排了18个典型的电路实验（包括基础实验、自行设计性实验），供教学选用。各章附有习题。

本书的参考学时为54个。教学过程可以这样安排：理论授课22个学时，电路实验28个学时，期末复习考试4个学时。

本书编写人员及编写分工如下：重庆水利电力职业技术学院林珑、高长璧编写第一章，重庆水利电力职业技术学院刘露萍编写第二、三章，沈阳农业大学高等职业技术学院王维、重庆水利电力职业技术学院易明凤、安徽水利水电职业技术学院张雅洁编写第四章。本书由刘露萍担任主编并负责全书统稿，由王维、林珑担任副主编，由安徽水利水电职业技术学院单启兵担任主审。

本书的初稿首先在重庆水利电力职业技术学院试用，学校有关部门对本书的出版给予了很大的支持。此外，书中所列的参考文献对编写工作有许多启发和帮助，在此一并深表谢意。

由于我们的水平有限，书中难免有不足之处，恳请读者，特别是使用本书的师生们及时给予指正。

编　者

2011 年 6 月

目　录

绪　论

实验教学是一项教育学生认识自然科学规律,检验理论正确与否的实践性环节。该项环节,对学生亲自动手采集数据、处理数据、分析数据的能力以及分析问题、解决问题的能力,起着极其重要的作用。

一、课程的性质和目的

电工基础实验是一门以实验为主的技术基础课。在课程学习过程中,主要是对学生进行电工实验基本技能的训练,培养学生运用所学电工基础理论知识分析、解决实际问题等方面的能力。其中,主要包含以下几方面:

(1)常见电工仪表的使用技能。

(2)正确进行实验以及在实验过程中发现问题、解决问题的能力。

(3)观察实验现象,总结实验结论,将理论与实践相联系的能力。

(4)正确地记录和处理实验数据,分析实验结果,完成实验报告的能力。

(5)团队合作,同学之间互帮互助的良好实验习惯等。

二、电工实验室的安全规则

为了确保人身安全和仪器设备的完好无损,学生在进入实验室以后一定要遵守实验室的安全规则。其中,主要包含以下几点:

(1)进入实验室后,未经教师许可不准随意使用各仪器设备。

(2)动手实验前,要做好一切准备工作,认真观察老师的演示操作过程。对于实验室内容易混淆的对象,比如交、直流电源,一定要了解其各自的特征。

(3)对于实验仪表设备,在没有弄清其使用方法之前,不得使用。使用时,要轻拿轻放。未经老师许可,不得随意拆卸仪表部件。

(4)实验线路连接完成后,应认真仔细地自查和互查,并在老师最终检查无误的前提下,方可接通电源。

(5)实验进行时不得用手触摸带电部分。如要改接线路或拆除部分线路,应在断开电源的基础上,方可操作。

(6)实验室一旦出现异常情况,应立即切断电源,并将情况报告指导老师,然后再根据现象查找原因,待故障解除后再重新接通电源。

(7)如遇到不懂的地方,要向老师请教,不得随意操作。

(8)实验完毕后,应随即切断电源。

三、实验成绩考核办法

本课程建议采用期末考试成绩和平时成绩相结合的方式。其中,平时成绩占50%,期末考试成绩占50%。平时成绩包括出勤、平时表现和实验报告。本课程在一学期内讲授完毕,以百分制单独记录成绩,期末考试可采用实际操作的考试形式进行。

第一章　电工测量与仪表的基础知识

在电工实验过程中，要正确地选择和使用仪表、读取和处理数据以及进行误差分析，首先需要掌握电工测量和仪表的基本知识，而这也直接或间接地影响着最后的实验结果。本章主要介绍测量的基本知识、电工仪表的分类、面板符号、测量机构的组成、仪表的误差、电工仪表的性能指标等。

第一节　电工测量的基本知识

一、电工测量的意义

作为现代工业的一种特殊商品，电能在生产、传输、分配和使用等各个环节中，不能直接感受和反映出各种电气量的大小及变化情况，只有通过各种仪表的测量才能得到准确结果，从而保证电能的质量以及电力系统的正常运行。例如，在发电厂、变电站中，为了保证电力系统安全、经济地运行，务必随时监控系统的运行情况，以随时对发电机的出力或用户的负荷进行调整。

另外，在电气设备的安装、调试、运行和检修过程中，对电子产品的检验、分析以及鉴定时，都会遇到电工测量方面的技术问题。所以，电工测量是从事电气行业工作的技术人员必须掌握的一门学科。

二、电工测量的概念和过程

（一）测量的概念

电工测量就是利用电工仪表，通过实验的方法将被测的电量（电压、电流、功率等）与作为单位的同类标准电量进行比较，从而确定被测量大小的过程。测量的本质是用实验的方法把被测量与标准量进行比较。被测量应该是与标准量同类的物理量，或者是可借以推算出被测量的异类量。例如，用米尺测量长度，用电位差计测量电压等都是同类物理量的比较。要准确测量某一量的大小，必须包括被测对象、单位量的复制体和测量设备等部分。例如，测量出某一电流的大小为 15 A，需要测量的电流即为被测对象；标准电流即为单位量的复制体，称之为量具；电流表是将被测量与标准量进行比较的测量设备。

（二）测量的过程

在实际的测量过程中，一般要经过准备、测量及数据处理三个阶段。在准备阶段，首先要根据测量的内容和要求正确选择测量仪器与设备，并确定测量的具体接线方案和测量步骤。在测量阶段，要按事先设计的接线方案正确接线，并严格按规范进行操作，正确记录测量数据，同时要注意人身安全和设备安全。测量的最后工作是进行数据处理，通过对测量数据或图形的处理、分析，求出被测量的大小及测量误差，以便为解决工程实际问题提供可靠依据。

三、电工测量方法的分类

由于测量对象的不同，测量的目的和要求也可能有所变化，再加上测量条件多种多样，因此测量的方式方法也就有所不同。

（一）按测量过程中的特点分类

根据测量过程中的特点，可将测量方法分为直接测量和间接测量两大类。

1. 直接测量

在测量过程中，能够直接将被测量与同类标准量进行比较，或能够直接用事先刻度好的测量仪器对被测量进行测量，从而直接获得被测量的数值的测量方法，称为直接测量。例如，用弹簧秤称质量、用电压表测量电压、用电度表测量电能以及用直流电桥测量电阻等都是直接测量。直接测量方式广泛应用于工程测量中。图 1-1 所示为直接法测电流。

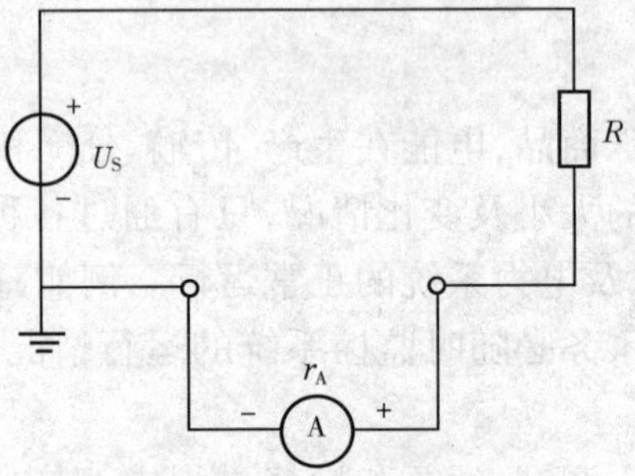

图 1-1　直接法测电流

2. 间接测量

当被测量由于某种原因不能直接测量时，可以通过直接测量与被测量有一定函数关系的物理量，然后按函数关系计算出被测量的数值，这种间接获得测量结果的方式，称为间接测量。例如，用伏安法测量电阻，就是利用电压表和电流表分别测量出电阻两端的电压和通过该电阻的电流，然后根据欧姆定律 $R = U/I$ 计算出被测电阻 R 的大小。间接测量方式广泛应用于科研、实验室及工程测量中。

（二）按度量器参与测量过程的方式分类

在测量过程中，作为测量单位的度量器可以直接参与，也可以间接参与。根据度量器参与测量过程的方式，可以把测量方法分为直读法和比较法。

1. 直读法

用直接指示被测量大小的指示仪表进行测量，并能够直接从仪表刻度盘上读取被测量数值的测量方法，称为直读法。采用直读法测量时，度量器不直接参与测量过程，而是间接地参与测量过程。例如，用欧姆表测量电阻时，从指针在刻度盘上指示的刻度可以直接读出被测电阻的数值。这一读数被认为是可信的，因为欧姆表刻度盘的刻度事先用标准电阻进行了校验，而标准电阻已将它的量值和单位传递给欧姆表，间接地参与了测量过程。采用直读法测量的过程简单，操作容易，读数迅速，但其测量的准确度不高。

2. 比较法

将被测量与度量器在比较仪器中直接比较，从而获得被测量数值的方法，称为比较法。例如，用天平测量物体质量时，作为质量度量器的砝码始终都直接参与了测量过程。在电工测量中，比较法具有很高的测量准确度，可以达到 ±0.001%，但测量时操作比较麻烦，相应的测量设备也比较昂贵。

根据被测量与度量器进行比较时的特点，比较法可分为零值法、较差法和替代法等三种。

(1)零值法又称平衡法，是利用被测量对仪器的作用，与标准量对仪器的作用相互抵消，由指零仪表做出判断的方法。即当指零仪表指示为零时，表示两者的作用相等，仪器达到平衡状态，此时按一定的关系可计算出被测量的数值。显然，零值法测量的准确度主要取决于度量器的准确度和指零仪表的灵敏度，其测量电路如图 1-2 所示。

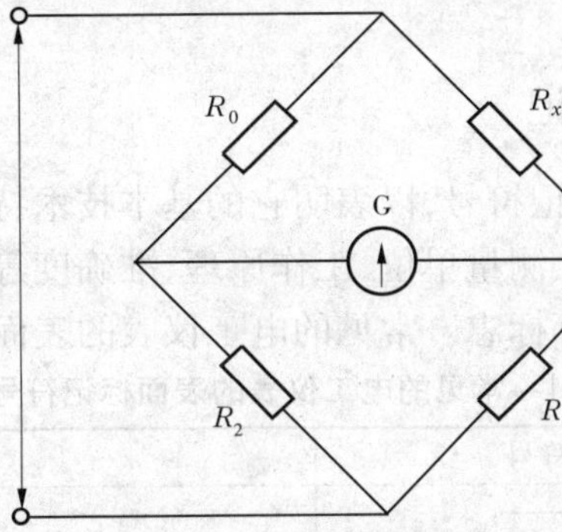

图 1-2　零值法测电阻

(2)较差法，是通过测量被测量与标准量的差值，或正比于该差值的量，根据标准量来确定被测量的数值的方法。较差法可以达到较高的测量准确度。

(3)替代法，是分别把被测量和标准量接入同一测量仪器，在标准量替代被测量时，调节标准量使仪器的工作状态在替代前后保持一致，然后根据标准量来确定被测量的数值。用替代法测量时，由于替代前后仪器的工作状态是一样的，因此仪器本身性能和外界因素对替代前后的影响几乎是相同的，有效地克服了所有外界因素对测量结果的影响。替代法测量的准确度主要取决于度量器的准确度和仪器的灵敏度。

第二节　电工仪表的分类、表面标记和技术要求

一、电工仪表的分类

电工仪表种类繁多，分类方法也很多，下面介绍几种常见的分类方法。

(一)根据仪表的工作原理分类

电工仪表主要可分为电测量指示仪表、比较式仪表和数字式仪表，其中电测量指示仪表应用最广泛，又可分为磁电系、电磁系、电动系、感应系等。

(二)根据被测量的名称或单位不同分类

电工仪表主要有电流表、电压表、功率表、欧姆表等。

(三)根据仪表工作电流的种类分类

电工仪表可分为直流仪表,交流仪表,交、直流两用仪表。

(四)根据仪表的使用方式分类

电工仪表可分为开关板式仪表与可携式仪表。

(五)根据仪表测量结果的显示方式分类

电工仪表有指针指示、光标指示、屏幕显示、数字显示等。

(六)根据仪表的准确度分类

电工仪表可以分为七个精度等级。其中,0.1 级、0.2 级和 0.5 级的较高准确度仪表常用来进行精密测量或作为校正表;1.5 级的仪表一般用于实验室; 2.5 级和 5.0 级的仪表一般用于工程测量。

二、电工仪表的表面标记

电工仪表的表面有各种标记符号,以表明它的基本技术特性。根据国家规定,每一只仪表应有测量对象的电流种类、测量单位、工作原理、准确度等级、工作位置、外界条件、绝缘强度、仪表型号以及额定值等标志。常见的电工仪表的表面标记符号如表 1-1 所示。

表 1-1 常见的电工仪表的表面标记符号

分类	符号	名称
电流种类	—	直流
	~	交流
	≂	交、直流两用
测量单位	A	安培
	V	伏特
	W	瓦特
	var	乏
	Hz	赫兹
	mA	毫安
	kV	千伏
工作原理		磁电系仪表
		磁电系比率表
	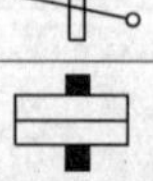	电磁系仪表
		电动系仪表
	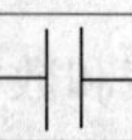	感应系仪表
		静电系仪表

续表 1-1

分类	符号	名称
准确度等级	1.5	以标尺量限的百分数表示
	(1.5)	以指示值的百分数表示
工作位置	⊥	标尺位置垂直
	⌐¬	标尺位置水平
	∠60°	标尺位置与水平面成 60°角
外界条件	[∩]	Ⅰ级防外磁场(磁电系)
	[≟]	Ⅰ级防外电场(静电系)
	[Ⅱ]	Ⅱ级防外磁场及电场
	[Ⅲ]	Ⅲ级防外磁场及电场
	[Ⅳ]	Ⅳ级防外磁场及电场
	△A	A 组仪表
	△B	B 组仪表
	△C	C 组仪表
绝缘强度	☆0	不进行绝缘耐压试验
	☆5	绝缘强度耐压试验 5 kV
	☆2	绝缘强度耐压试验 2 kV
端钮标记	+	正极性端钮
	−	负极性端钮
	✳	公共端钮
	～	交流端钮
	⊙	与屏蔽相连接端钮
	⫽	与外壳相连接端钮
	⏚	接地用的端钮
	↷	调零器

三、电工仪表的技术要求

电工仪表是监测电气设备运行情况的主要工具。为了保证测量结果的准确性和可靠性,选用仪表时,对电测量指示仪表主要有以下几个方面的技术要求:

(1)要有足够的准确度。准确度等级是仪表的主要技术特性。当仪表工作在规定条件下时,要求基本误差不超过仪表盘面所标注的准确度等级。另外,在选择仪表时,仪表要有足够的准确度,但准确度等级不能太高或太低。如果仪表的准确度等级太高,会增加制造成本,同时对仪表使用条件的要求也相应提高;如果仪表的准确度等级太低,则测量误差太大,不能满足测量的要求。

(2)变差要小。所谓变差,是指仪表在重复测量某一被测量时,由于摩擦等因素的不均匀产生两个不同的指示值,它们的差值称为变差。对于指示仪表,重复测量被测量 A_0,当由零向上限值逐渐增加时,指示值为 A_X;而由上限值向零逐渐减小时,指示值为 A_Y,则要求变差 $\Delta v = A_X - A_Y$ 不超过基本误差。

(3)受外界温度、外来电磁场等因素影响引起的附加误差符合有关规定。

(4)仪表本身功率消耗小。在测量时,仪表本身必然要消耗一定的功率,但为了减小接入仪表对电路原来工作情况的影响,要求仪表本身功率消耗要小。

(5)刻度尽可能均匀,便于读数。

(6)要有合适的灵敏度。灵敏度 S 是指仪表活动部分在承受单位被测量时所引起的偏转角。若被测量变化了 ΔX,仪表活动部分的偏转角改变了 $\Delta\alpha$,则 $S = \Delta\alpha / \Delta X$。对于灵敏度高的指示仪表,被测量微小变化可以引起其活动部分足够大的偏转角。

(7)有一定的耐压能力和过载能力。

(8)阻尼良好。由于仪表的活动部分具有惯性,测量时指针常不能立即停止在平衡位置并指示出被测量的大小,而要在平衡位置附近来回摆动一段时间。为此,仪表中常装设各种阻尼器来产生与指针运动方向相反的阻尼力矩,以便指针很快停止摆动,从而在较短时间内指示出被测量的大小。

第三节　电测量指示仪表

电测量指示仪表是一种基本的测量工具,具有制造简单、成本低廉、稳定性和可靠性高及使用维修方便等优点,因此其被广泛应用于科学技术和工业过程的测量和监控中。

一、电测量指示仪表的型号

通常,在仪表刻度盘的左下角标有仪表型号的规定符号,其表示含义如下所述。

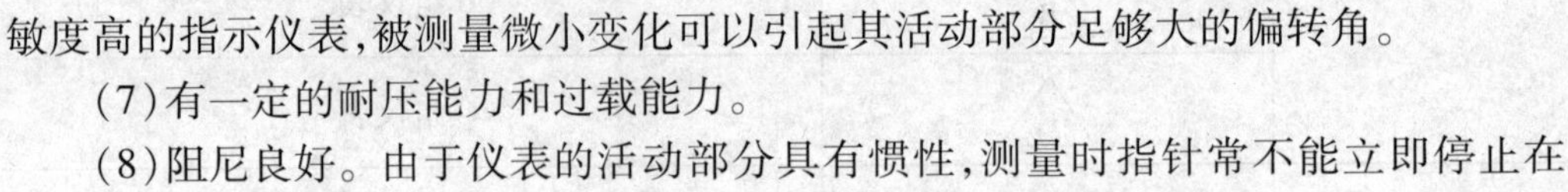

二、电测量指示仪表的组成和作用

(一)测量机构和测量线路

电测量指示仪表的任务,就是把被测量或电参数转换为仪表可动部分的机械偏转角,并在转换过程中,使两者保持一定的参数关系,从而通过指针偏转角的大小来反映被测量的数值。电测量指示仪表必须具有测量机构和测量线路两个组成部分。

(1)测量机构。测量机构的作用是将被测量转换成仪表可动部分的偏转角。测量机构是电工指示仪表的核心。

(2)测量线路。测量线路的作用是把各种被测量按一定比例转换成能被测量机构所接受的过渡量。测量线路通常由电阻、电感、电容等电子元件组成。不同仪表的测量线路是不同的。

(二)测量机构的主要装置

各种类型的电测量指示仪表的测量机构,尽管在结构及动作原理上各不相同,但是它们都是由固定部分和可动部分组成的,而且都能在被测量的作用下产生转动力矩,驱动可动部分偏转,指示出被测量的大小。因此,不同类型的测量机构具有如下共同的主要装置:

(1)转动力矩装置。要使电测量指示仪表的指针偏转,测量机构必须具有产生转动力矩的装置。产生转动力矩的结构原理不同,就构成不同系列的指示仪表。

(2)反作用力矩装置。如果测量机构中只有转动力矩,则不论被测量有多大,可动部分都将在其作用下偏转到尽头。为此,要求在可动部分偏转时,测量机构中能产生随偏转角增大而增大的反作用力矩,当两者相等时,可动部分平衡,从而使指针稳定在一定偏转角上。

反作用力矩一般由游丝或张丝产生。当可动部分偏转时,游丝被扭紧,产生反作用力矩增大,方向与其相反。在游丝的弹性范围内,反作用力矩与偏转角呈线性关系。

在电测量指示仪表中,产生反作用力矩的装置除游丝、张丝外,还有通过电磁力来产生反作用力矩。图 1-3 所示为由游丝构成的反作用力矩装置。

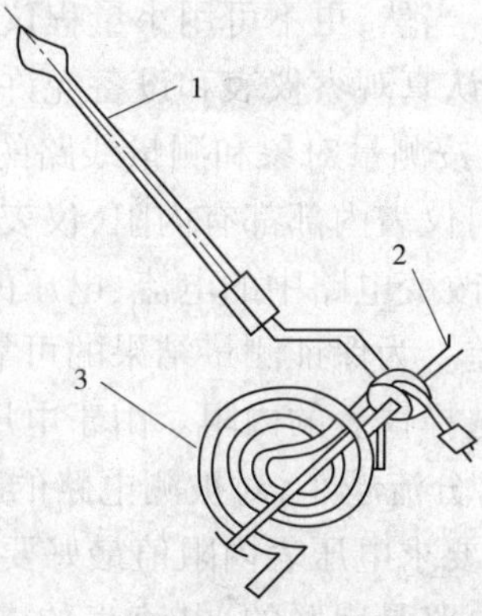

1—指针;2—轴;3—游丝

图 1-3　由游丝构成的反作用力矩装置

(3)阻尼力矩装置。由于指示仪表的可动部分都具有一定惯性,因此当转动力矩等于反作用力矩时,可动部分不可能马上停下来,而是在平衡位置附近来回摆动,致使不能尽快读出测量结果。为了尽快读数,仪表还必须具有阻尼力矩装置。阻尼力矩装置可分为空气和磁感应两种,如图 1-4 所示。

三、电测量指示仪表的正确选择

为了避免由于测量方法不完善而引起测量的误差,必须正确选择仪表,主要注意下面

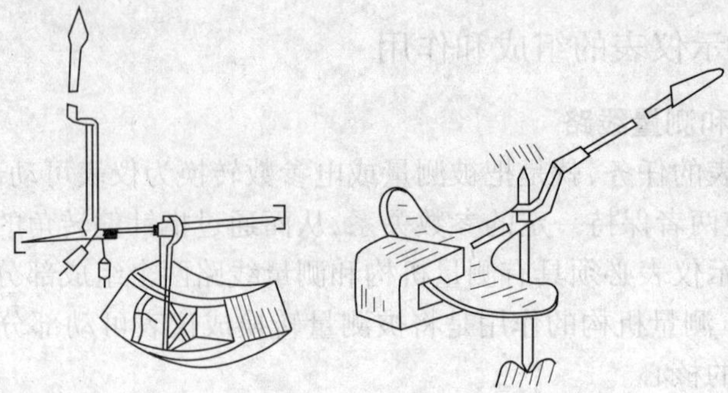

(a)空气阻尼器　　(b)磁感应阻尼器

图 1-4　阻尼力矩装置

几点：

(1)按测量对象的性质选择仪表类型。

首先要根据所选择电源判断流经被测量的是直流还是交流，以便选用直流仪表或交流仪表。直流仪表只能直接用来测量直流量，交流仪表只能直接用来测量交流量，而交、直流两用仪表既可以测量直流量，又可以测量交流量。如果测量交流量，要注意是正弦波还是非正弦波；测量时要注意区分被测量究竟是平均值、有效值、瞬时值，还是最大值。此外，对于交流量还要注意频率。

(2)按测量对象选择仪表的允许额定值。

在对被测量进行测量前，应根据有关条件（实验电路、历史数据）估算出被测量值的大小，并以此选择量程相近或稍大的仪表。不要用大量程的仪表去测量小电量值，以免读数不准。当然，更不可用小量程仪表去测量大电量值，以免损坏仪表。所以，在选用仪表时，必须认真观察仪表和设备允许承受的额定电压、额定电流和额定功率。

(3)按测量对象和测量线路的电阻大小选择仪表内阻。

任何仪表内部都有内阻，仪表接入电路后相当于接入了一个负载，除消耗一定的能量外，还会改变电路中的电流、电压的数值，影响电路的工作状态，因此会给测量结果带来相应的误差。为保证测量结果的可靠性，减小测量误差，选择仪表时应根据被测对象阻抗的大小来选择仪表的内阻。由于电压表、功率表的电压线圈等是并联接入电路的，仪表内阻 R_u 越大，分流越小，对被测电路的电流影响越小，所以对于测量电压的电压表，其内阻越大越好，要求电压表内阻值最好要大于被测对象 100 倍。对于测量电流的电流表，由于其与被测电路是串联的，电流表的内阻越小越好，常要求电流表内阻小于被测对象的百分之一。

(4)按测量对象的准确度，选择仪表等级。

仪表的准确度越高，测量的结果就越可靠，但仪表的价格随之越贵，而且有些准确度高的仪表的操作过程也较复杂，往往会因为操作不当而增加附加误差。此外，测量结果的准确度不仅与仪表的准确度有关，而且还与仪表的量程等因素有关。因此，在选择仪表时，一定要根据工程性质，使测量结果的误差在工程实际允许范围内。例如，在常用的标准和部分精密测量中，可用准确度 0.1 ~ 0.2 级的仪表；在实验测量中可用 0.5 ~ 1.5 级的仪表;在工厂生产中可用1.0~5.0级的仪表。表1-2所示为常用指示仪表的类型和应用范围。

表1-2 常用指示仪表的类型和应用范围

名称	最高准确度等级	测量范围		消耗功率	过载能力	应用范围
		电流(A)	电压(V)			
磁电系	0.1	$10^{-3}\sim10^{2}$	$10^{-2}\sim10^{3}$	<100 mW	小	直流电表,且与多种变换器配合扩大使用范围,作比率表
电磁系	0.1	$10^{-3}\sim10^{2}$	$1\sim10^{3}$	较磁电系大,略小于电动系	大	用于$50\sim5\times10^{3}$ Hz安装式电表及一般实验室用交(直)流表
电动系	0.1	$10^{-3}\sim10^{2}$	$1\sim10^{3}$	较大	小	用于$50\sim10\times10^{3}$ Hz作交、直流标准表及一般实验室用表
铁磁电动系	0.2	$10^{-3}\sim10^{2}$	$10^{-1}\sim10^{3}$	较小	小	用于工频,主要作安装式电表
感应系	0.5	$10^{-1}\sim10^{2}$	$10^{-3}\sim10^{3}$	较小	大	用于工频,测量交流电路中电能
整流系	1.0	$10^{-5}\sim10$	$5\times10^{-3}\sim5\times10^{2}$	小	小	作万用表,频率$50\sim5\times10^{3}$ Hz

四、电测量指示仪表的合理使用

在选择了合适的仪表后,接下来就应该注意如何正确地使用仪表,以保证测量结果的准确性。一只仪表的量程和准确度等选择得再合适,如果不能正确使用,也得不到理想的测试结果。因此,使用仪表时,应注意以下几点:

(1)首先应满足仪表工作条件的要求。如摆放位置、环境温度与湿度、有无外磁场影响、机械零位或电气零位是否已调好等。

(2)应根据被测量的性质及所给的条件,将仪表正确接入被测电路。

(3)进行正式测量时,要事先估算被测量的大小,以选择适当的仪表量程;不能进行估算时,应将仪表先放在大量限上,然后根据实际情况逐步调整。

(4)测量时,要正确读取被测量的大小,即测量数据中不应包含视差的影响。

第四节 电工仪表的误差及准确度等级

任何测量都希望获得被测量的真实数据,真实数据简称为真值。实际上,所有的仪表都不能实现绝对理想的测量,因而测量得到的数据并不是被测量的真值,而是近似值。仪表的指示值与真值之间的差异，称为仪表的误差。仪表误差的大小，反映了仪表的准确程度。

一、仪表误差的分类

根据误差产生的原因，仪表的误差分为以下两类：

（一）基本误差

由于仪表本身结构不够准确而固有的误差，称为基本误差。如标尺刻度不准确，安装不准确等原因，均会造成此类误差。

（二）附加误差

由于在非正常条件下使用仪表进行测量而产生的误差，称为附加误差。如环境温度、外界电磁场等发生变化及安放位置不符合要求时，均会引起此类误差。

二、误差的几种表示形式

（一）绝对误差

测量值 A_x 与被测量的真值 A_0 之间的差值，称为绝对误差，用符号 Δ 表示，即

$$\Delta = A_x - A_0 \tag{1-1}$$

式中 A_x——仪表的指示值、仪表的读数。

A_0——被测量的实际值或用高精度仪表测得的值。

【例 1-1】 电压表甲在测量实际值为 100 V 的电压时，测量值为 101 V；电压表乙在测量实际值为 1 000 V 的电压时，测量值为 998 V。求两表的绝对误差。

解 甲表的绝对误差为

$$\Delta_{甲} = 101 - 100 = 1(\text{V})$$

乙表的绝对误差为

$$\Delta_{乙} = 998 - 1\,000 = -2(\text{V})$$

由于 $|\Delta_{甲}| < |\Delta_{乙}|$，但如果认为甲表比乙表准确度高，显然是错误的。在这种情况下，应采用相对误差来进行评定。

（二）相对误差

当被测量不是同一个值时，就不能用绝对误差来表示测量的准确度，这时要用相对误差来比较测量结果的准确度。

相对误差是绝对误差 Δ 与被测量的真实值 A_0 之间的百分比，即

$$\gamma = \frac{\Delta}{A_0} \times 100\% \approx \frac{\Delta}{A_x} \times 100\% \tag{1-2}$$

在例 1-1 中，甲、乙两电压表的相对误差分别为

$$\gamma_{甲} = \frac{1}{100} \times 100\% = 1\%$$

$$\gamma_{乙} = \frac{2}{1\,000} \times 100\% = 0.2\%$$

显然，后者较前者的相对误差小，其准确程度高。可见，相对误差表明了误差测量结

果的相对影响，给出了误差的清晰概念。

(三)引用误差

绝对误差和相对误差是从误差的表示和测量的结果来反映某一测量值的误差情况，但并不能用来评价测量仪表和测量仪器的准确度。例如，对于指针式仪表的某一量程来说，一方面，标度尺上各点的绝对误差尽管相近，但并不相同，某一个测量值的绝对误差并不能用来衡量整个仪表的准确度。另一方面，正因为各点的绝对误差相近，所以对于大小不同的测量值，相对误差彼此间会差别很大，即相对误差更不能用来评价仪表的准确度。一只仪表在其测量范围内，各刻度处的绝对误差 Δ 相差不大，因而相对误差就随着测量值的减小而增大。例如，一只 0 ~ 250 V 的电压表，在测量 200 V 时，绝对误差 $\Delta = 2$ V，其相对误差为

$$\gamma = \frac{2}{200} \times 100\% = 1\%$$

在测量 10 V 时，绝对误差 $\Delta = 1.9$ V，其相对误差为

$$\gamma = \frac{1.9}{10} \times 100\% = 19\%$$

因而相对误差在仪表的全量限上变化很大，任取哪一个 γ 值来表示仪表的准确度都不合适。如果把相对误差 γ 计算公式中的分母换用仪表的最大刻度值(即上量限)，则比值就接近一个常数，解决了表示同一只仪表的相对误差太大的问题。绝对误差 Δ 与仪表最大刻度值 A_m 之比的百分数，称为引用误差或满度相对误差，记为 γ_n，即

$$\gamma_n = \frac{\Delta}{A_m} \times 100\% \tag{1-3}$$

仪表指针在标尺不同位置时，仪表指示值的绝对误差不是完全相等的，而有所差异，数值有正有负。为了评价仪表的准确度，一般用最大引用误差 $(\gamma_n)_m$ 来表示，即

$$(\gamma_n)_m = \frac{\Delta_m}{A_m} \times 100\% \tag{1-4}$$

三、指示仪表的准确度等级

误差与准确度之间的差距在于：误差说明的是指示值与实际值之间的差异程度，而仪表的准确度是用来反映仪表的基本误差的。而引用误差可以较好地反映仪表的基本误差，所以在规定的工作条件下，用允许出现的最大引用误差来表示仪表的准确度等级 K 的百分数，则

$$K\% \geqslant \frac{|\Delta_m|}{A_m} \times 100\% = |(\gamma_n)_m| \tag{1-5}$$

根据国家标准 GB 776—76《电测量指示仪表通用技术条件》规定，仪表的准确度分为七级，它们的基本误差不允许超过表 1-3 的规定。

表 1-3　各级仪表的允许基本误差

仪表的准确度等级	0.1	0.2	0.5	1.0	1.5	2.5	5.0
基本误差允许值	±0.1	±0.2	±0.5	±1.0	±1.5	±2.5	±5.0

【例 1-2】 用准确度为 0.5 级、量程为 15 A 的电流表测量 5 A 电流时，其可能产生的最大相对误差是多少？

解 测 5 A 电流时

$$\Delta_m = \frac{\pm K \times A_m}{100} = \frac{\pm 0.5 \times 15}{100} \pm 0.075(A)$$

$$\gamma = \frac{\Delta_m}{A_x} \times 100\% = \frac{\pm 0.075}{5} \times 100\% = \pm 1.5\%$$

由此可见，测量结果的准确度即其最大相对误差，并不等于仪表准确度所表示的允许基本误差。因此，在选用仪表时不仅要考虑适当的仪表准确度，还要根据被测量的大小，选择相应的仪表量程，才能保证测量结果具有足够的准确性。

【例 1-3】 在规定的正常工作条件下，为了测量 30 V 的电压，分别采用量限为 150 V、准确度为 0.5 级的电压表和量限为 50 V、准确度为 1.0 级的电压表。求两次测量可能产生的最大绝对误差和相对误差。

解 采用第一只电压表测量时

$$\Delta_{m1} = A_{m1} \times (\pm K_1\%) = 150 \times (\pm 0.5\%) = \pm 0.75(V)$$

$$\gamma_{m1} = \Delta_{m1} / A_{x1} \times 100\% = \pm 0.75/30 \times 100\% = \pm 2.5\%$$

采用第二只电压表测量时

$$\Delta_{m2} = A_{m2} \times (\pm K_2\%) = 50 \times (\pm 1.0\%) = \pm 0.5(V)$$

$$\gamma_{m2} = \Delta_{m2} / A_{x2} \times 100\% = \pm 0.5/30 \times 100\% = \pm 1.7\%$$

从上例可以看出，测量结果的准确度不仅与仪表的准确度等级有关，而且还与量限有关。上例中用 0.5 级、量限 150 V 的电压表所测出的误差反而比用 1.0 级、量限为 50 V 的电压表所测出的更大。

综上所述，在选择仪表的量限时，被测值应尽量使指针在刻度标尺的 2/3 以上。

习 题

1-1 为什么要引入引用误差（基准误差）的概念？它与仪表的准确度是什么样的关系？

1-2 电测量指示仪表的测量机构由哪几部分组成？它们各起什么作用？

1-3 用准确度为 2.0 级、量程为 300 V 和准确度为 1.0 级、量程为 400 V 的电压表测量实际值为 250 V 的电压，问哪个电压表的测量值较准确？为什么？

1-4 用量程为 100 mA、准确度为 0.5 级的电流表，分别测量 100 mA 和 50 mA 的两个电流。试求，测量结果的最大相对误差各为多少？

1-5 检定一只 1.0 级电流表，其量程为 250 mA，检定时发现在 200 mA 处误差最大，为 −3 mA。该电流表的量程是否合格？

1-6 电测量指示仪表的主要技术要求是什么？

第二章 常用电工仪表简介

由第一章的介绍可知,电测量指示仪表按工作原理可分为磁电系仪表、电磁系仪表、电动系仪表、感应系仪表。本章主要介绍这些常用电工仪表的结构、工作原理及正确的使用方法。

第一节 磁电系仪表

一、磁电系仪表的结构和工作原理

直流电流表和直流电压表主要采用磁电系测量机构。测量时,电流表与被测电路串联,电压表与被测电路并联。由于电流表的内阻并不等于零,电压表的内阻也并不等于无穷大,因此当它们接入电路时,会对电路的工作状态产生一定的影响,从而造成测量误差。电流表内阻越小或电压表内阻越大,对被测电路的影响就越小,测量误差也就越小。

(一)磁电系仪表的结构

磁电系测量机构是根据永久磁铁的磁场对载流线圈产生作用力的原理制成的。磁电系测量机构的结构如图 2-1 所示。

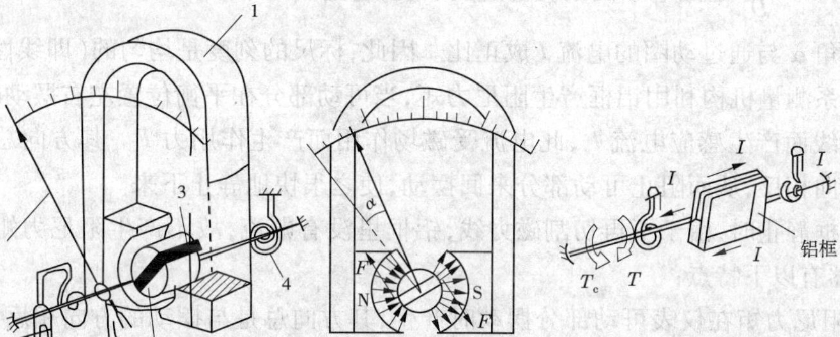

1—永久磁铁;2—圆柱形铁芯;3—动圈;4—游丝;5—指针

图 2-1 磁电系测量机构的结构图

磁电系测量机构由两部分组成:一是固定部分,一是可动部分。固定部分是磁路系统,包括永久磁铁和圆柱形铁芯两部分。可动部分由绕在铝框上的可动线圈(简称动圈)、游丝、指针等组成。铝框和指针都固定在转轴上,转轴由上、下两个半轴构成。两个游丝的螺旋方向相反,它们的一端也固定在转轴上,并分别与动圈的两个端头相连。下游丝的另一端固定在支架上,上游丝的另一端与调零器相连。因此,游丝不但用来产生反作用力矩,并且用来作为将电流导入动圈的引线。在转轴上还装有平衡锤,用来平衡指针的重量。

（二）工作原理

当电流 I 通过动圈时，动圈就会受到磁场 B 的作用力而发生偏转。动圈每边导线所受到的电磁力为 $F=NBIL$，其中 N 为匝数、L 为一边的长度。动圈所受到的转动力矩为

$$M = 2F\frac{b}{2} = NBILb = NBAI$$

式中 b——动圈宽度；

A——动圈的面积。

在转动力矩的作用下，可动部分发生偏转，如图 2-1 所示。引起游丝扭转而产生反作用力矩 M_a，此力矩与扭紧的程度成正比。故有

$$M_a = D\alpha$$

式中 α——动圈的偏转角；

D——游丝的弹性系数。

当转动力矩与反作用力矩平衡时，指针将停留在某一位置，此时有

$$M = M_a$$

$$NBAI = D\alpha$$

$$\alpha = \frac{NBA}{D}I = SI$$

所以 $$S = \frac{NBA}{D}$$

其中，$S=\dfrac{NBA}{D}$是磁电系仪表机构的灵敏度，它是一个常数。所以，磁电系测量机构的指针偏转角 α 与通过动圈的电流 I 成正比。因此，标尺的刻度是均匀的（即线性标尺）。

磁电系测量机构利用铝框产生阻尼力矩，当可动部分在平衡位置左右摆动时，铝框因切割磁力线而产生感应电流 I_e，此电流受磁场作用而产生作用力 F。其方向总是与铝框摆动的方向相反，从而阻止可动部分来回摆动，使之很快地静止下来。

当铝框静止时，由于不再切割磁力线，铝框里没有电流，故不产生阻尼力矩。由此可见，阻尼器有以下特点：

（1）阻尼力矩在仪表可动部分摆动时产生，其方向总是与摆动的方向相反，从而对可动部分的摆动起制动作用。

（2）可动部分静止不动时，阻尼作用也随之消失，因而阻尼器对测量结果没有影响。

（三）磁电系仪表的特点

磁电系仪表的优点是刻度均匀，仪表内部耗能小，灵敏度和准确度较高。另外，由于仪表本身的磁场较强，所以抗外界磁场干扰能力较强。磁电系仪表的缺点是结构复杂，价格较高，过载能力小，且只能用来测量直流。由于磁电系仪表准确度较高，所以经常用做实验室仪表和高精度的直流标准表，通常用来测直流电流、直流电压，也用做万用表的表头。

二、磁电系仪表简介

(一)磁电系电流表

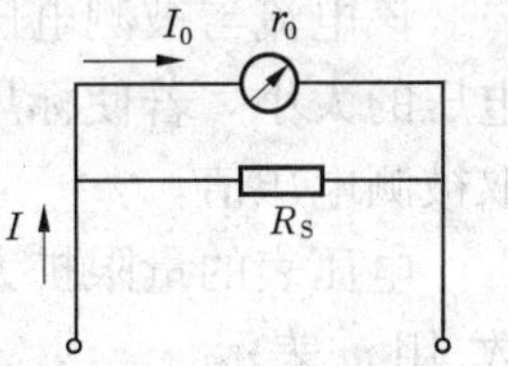

图 2-2　分流电阻

由于磁电系测量机构只能通过约 50 mA 的电流,为了扩大磁电系测量机构的量限以测量较大的电流,可用一个电阻与动圈并联,使大部分电流从并联电阻中分流,而动圈只流过允许的电流。这个电阻称为分流电阻,用 R_S 表示,如图 2-2 所示。图中 ⊘ 表示测量机构,r_0 为测量机构的内阻。并联分流电阻后,通过测量机构的电流 I_0 可由分流公式求得,即

$$I_0 = \frac{R_S}{r_0 + R_S} I$$

可见,通过测量机构的电流与被测电流成正比。因此,仪表的标尺可以用被测电流来刻度。

被测电流 I 与通过测量机构的电流 I_0 之比称为电流量限扩大倍数,用 n 来表示,即

$$n = \frac{I}{I_0} = \frac{R_S + r_0}{R_S} = 1 + \frac{r_0}{R_S}$$

如果电流量限扩大倍数 n 为已知,则分流电阻为

$$R_S = \frac{r_0}{n - 1}$$

【例 2-1】　一磁电系测量机构,其满偏电流 I_0 为 200 μA,内阻 r_0 为 300 Ω,若将量限扩大为 1 A,求分流电阻。

解　先求电流限量扩大倍数,即

$$n = \frac{I}{I_0} = \frac{1}{200 \times 10^{-6}} = 5\ 000$$

则分流电阻为

$$R_S = \frac{r_0}{n - 1} = \frac{300}{5\ 000 - 1} = 0.06(\Omega)$$

当电流表需测量 50 A 以上的大电流时,为保证热稳定,避免因过热而改变测量电路各并联支路的阻值,应使分流器有足够大的散热面积。一般因尺寸较大,常做成单独的外附分流器。

(二)磁电系电压表

磁电系测量机构的两端接于被测电压 U 时,测量机构中的电流为 $I = \frac{U}{r_0}$,它与被测电压成正比,所以测量机构的偏转可以用来指示电压。但测量机构的允许电流很小,因而直接作为电压表使用只能测量很小的电压,一般只有几十毫伏。为测量较高的电压,通常用一个大电阻与测量机构串联,以分走大部分电压,而使测量机构只承受很少一部分电压。这个电阻称为附加电阻,用 R_d 表示。

如图 2-3 所示,串联附加电阻后,流经测量机构的电流 I 为

$$I = \frac{U}{r_0 + R_d}$$

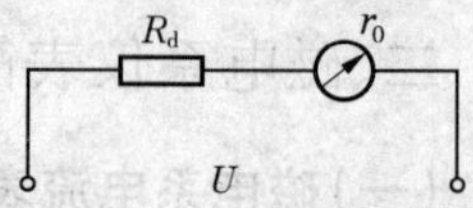

图 2-3　附加电阻

该电流与被测电压 U 成正比，所以指针偏转可以反映被测电压的大小。若使标尺按扩大量限后的电压刻度，便可直接读取被测电压值。

电压表的量限扩大为 U，它与被测量机构的满偏电压 U_0 之比称为电压量限扩大倍数，用 m 表示

$$m = \frac{U}{U_0} = \frac{r_0 + R_d}{r_0} = 1 + \frac{R_d}{r_0}$$

若 m 已给定，则可求出附加电阻 R_d，即

$$R_d = (m-1)r_0$$

【例 2-2】　有一磁电系测量机构，其满偏电流 $I_0 = 200\ \mu A$，内阻 $r_0 = 500\ \Omega$，今要制成 100 V 的电压表，求附加电阻。

解　先求测量机构的满偏电压，即

$$U_0 = I_0 r_0 = 200 \times 10^{-6} \times 500 = 0.1(V)$$

则电压量限扩大倍数为

$$m = \frac{U}{U_0} = \frac{100}{0.1} = 1\,000$$

则附加电阻为

$$R_d = (m-1)r_0 = (1\,000 - 1) \times 500 = 499.5(k\Omega)$$

电压表也可制成多量限，只要串联几个附加电阻即可。如图 2-4 所示，为三量限电压表。

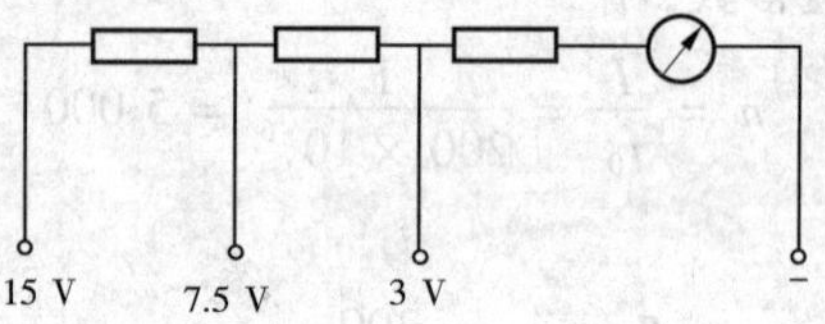

图 2-4　三量限电压表

第二节　电磁系仪表

一、电磁系仪表的测量机构和工作原理

（一）测量机构

电磁系仪表的测量机构分为排斥式和吸入式两种，其结构如图 2-5 所示。其中，固定铁片固定在固定线圈的内壁上。可动部分包括固定在转轴上的可动铁片、游丝、指针、阻尼片等。

当电流通过固定线圈时，电流的磁场使固定铁片和可动铁片同时磁化，且两铁片的同侧是同极性，因而相互排斥，使可动铁片带动其他可动部分（包括指针）一起转动，从而指

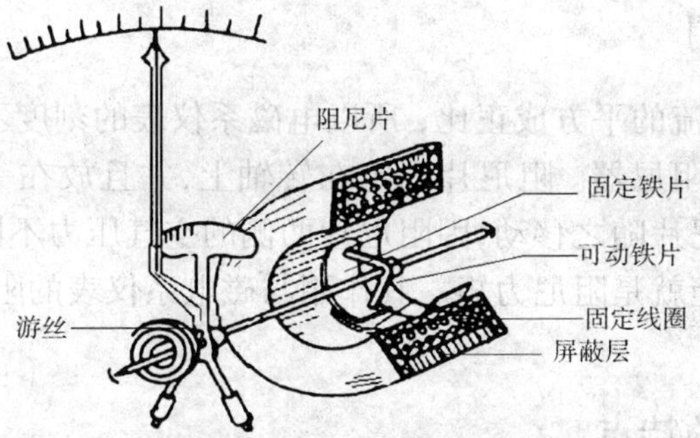

图 2-5　电磁系仪表测量机构的结构图

示出被测电流的量值。当固定线圈里的电流方向改变时，两铁片的磁化方向也同时改变，两铁片之间仍然是相互排斥的。可见，测量机构的可动部分的转动方向与固定线圈中电流方向无关。因此，电磁系测量机构既可测交流，也可测直流。

（二）工作原理

电磁系测量机构的工作原理都是基于利用载流回路（线圈）的电磁能量。当电流流过线圈时，其磁场能量与电流的平方成正比，而当铁片未饱和时，两铁片间的斥力大小也和线圈内磁场成正比，所以可动部分的瞬时转动力矩与线圈内的瞬时电流的平方成正比。

若通入直流电，则仪表的转动力矩为

$$T = K_1 I^2$$

与磁电系仪表相同，旋转弹簧产生的反作用力矩也与指针的偏转角成正比，即

$$T_f = K_f \alpha$$

式中　K_f——反作用力矩的系数，它与偏转角有关，与线圈的位置有关，当结构一定时可认为是一个常量。

当转动力矩与反作用力矩平衡时，指针停止偏转，即

$$\alpha = \frac{K_1}{K_f} I^2 = K I^2$$

式中　K——驱动力矩系数，与线圈和铁片的材料、形状、大小及它们相互之间的位置有关。

若通入交流电，仪表内仍然可以产生相互排斥的作用力，这是因为当电流方向改变时，可动铁片和固定铁片的磁化方向也随之改变，由它们产生的转动力矩的瞬时值仍然与电流瞬时值的平方成正比，且转动力矩与电流的平方成正比。因此，当电流方向改变时，转动力矩的方向不变。习惯上用平均力矩来衡量仪表的偏转，则平均力矩为

$$T = \frac{1}{T}\int_0^T K_1 i^2 \mathrm{d}t = K'_1 I^2$$

式中　I——交流电的有效值；

K_1、K'_1——常数。

可以推导得出，仪表的偏转角仍然与电流的平方成正比，只是该电流指的是交流电的有效值。换句话说，电磁系仪表测交流量时，仪表的指示值为交流量的有效值。

二、阻尼器的作用

由于转动力矩与电流的平方成正比，所以电磁系仪表的刻度不均匀。电磁系仪表的阻尼装置采用的是空气阻尼器。阻尼片固定在转轴上,并且放在一个密闭的小室中。当仪表的转轴转动时,阻尼片随之移动,因阻尼片两侧的空气压力不同而产生一个阻碍可动部分转动的力矩,该力矩就是阻尼力矩。其作用与磁电系仪表的阻尼力矩相同,即促使指针迅速稳定。

三、电磁系仪表的特点

电磁系仪表的优点是结构简单,价格便宜,过载能力较大,能用来测量直流、正弦和非正弦交流电量,不需辅助设备,可直接测量大电流;缺点是耗能较大,刻度不均匀,准确度和灵敏度不高,且由于其本身磁场是由被测电流产生的,所以防电磁干扰能力较差。一般用电磁系仪表来测量交流电压和电流。

四、电磁系电流表与电压表

(一)电磁系电流表

电磁系测量机构可以直接做成电流表,将固定线圈直接串联在被测电路中,常用来测量交流电流。通常用固定线圈分段串联或并联的方法,以改变电流表的量程,如图 2-6 所示。

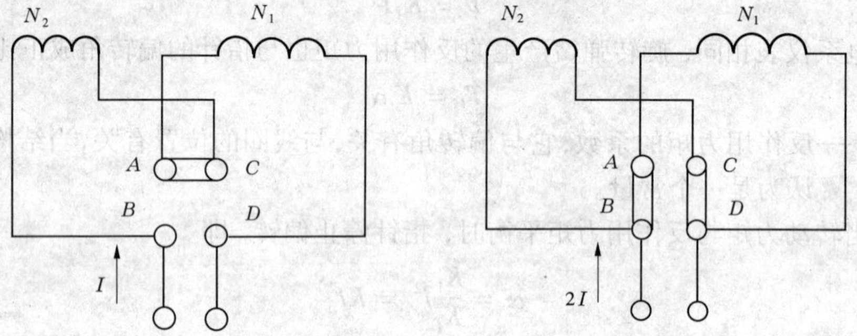

(a)固定线圈分段串联　　(b)固定线圈分段并联

图 2-6　固定线圈连接方法

电流线圈可以用粗导线绕成,因此其过载能力较强。

(二)电磁系电压表

电磁系电压表用固定线圈串联附加电阻的方法制成。配置不同的附加电阻,就可构成多量程的电压表,如图 2-3、图 2-4 所示。

第三节　万用表

万用表是一种常用的多功能表，主要用来测量电压、电流、电阻、晶体管放大倍数等，虽然准确度不高，但使用简单，携带方便，是维护、检修电气设备的常用工具。万用表可以分为磁电式(模拟式)万用表和数字式万用表两大类。

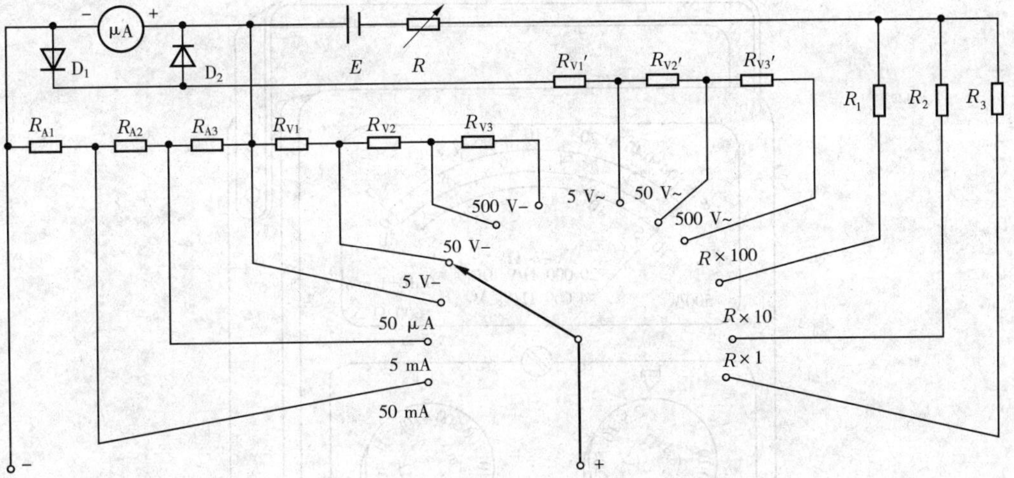

图 2-7 磁电式万用表测量原理电路图

一、磁电式万用表

(一)直流电流的测量

磁电式万用表测量原理电路图如图 2-7 所示。转换开关置于直流电流挡,被测电流从“+”、“−”两端接入,便构成直流电流测量电路。图中 R_{A1}、R_{A2}、R_{A3} 是分流器电阻,与表头构成闭合电路。通过改变转换开关的挡位来改变分流器的电阻,从而达到改变电流量程的目的。

(二)直流电压的测量

转换开关置于直流电压挡,被测电压接在“+”、“−”两端,便构成直流电压的测量电路。图中 R_{V1}、R_{V2}、R_{V3} 是倍压器电阻,与表头构成闭合电路。通过改变转换开关的挡位来改变倍压器电阻,从而达到改变电压量程的目的。

(三)交流电压的测量

转换开关置于交流电压挡,被测交流电压接在“+”、“−”两端,便构成交流电压测量电路。测量交流电压时必须加整流器,二极管 D_1 和 D_2 组成半波整流电路,表盘刻度反映的是交流电压的有效值。R'_{V1}、R'_{V2}、R'_{V3} 是倍压器电阻,交流电压量程的改变方法与测量直流电压时相同。

(四)电阻的测量

转换开关置于电阻挡,被测电阻接在“+”、“−”两端,便构成电阻测量电路。电阻自身不带电源,因此接入电池 E。电阻的刻度与电流、电压的刻度方向相反,且标度尺的分度是不均匀的。

500 型万用表,如图 2-8 所示,有两个“功能/量程”转换旋钮,每个旋钮上方有一个尖形标志。利用两个旋钮不同位置的组合,可以实现交直流电流、电压、电阻及音频电平的测量。如测量直流电流,先转动左边的旋钮,使“A”挡对准尖形标志,再将右边旋钮转至所需直流电流量程即可。使用前注意先调节调零旋钮,使指针准确指示在标尺的零位置。

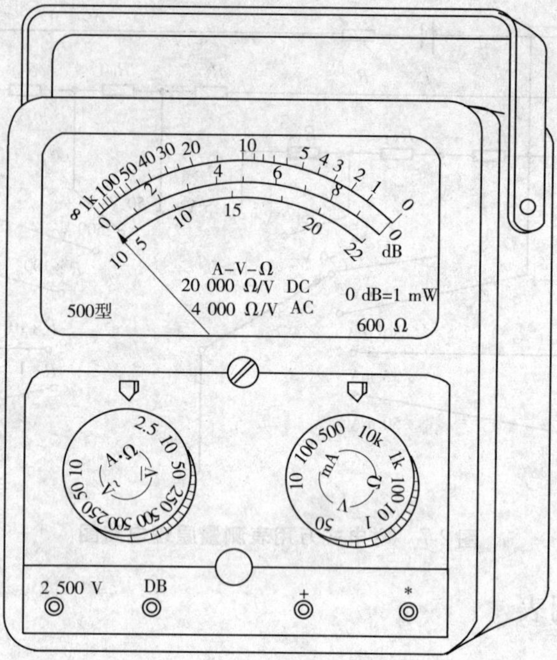

图 2-8　500 型万用表外形图

二、数字式万用表

数字式万用表由功能变换器、转换开关和直流数字电压表等三部分组成,其原理框图如图 2-9 所示。直流数字电压表是数字式万用表的核心部分。各种电量或参数的测量,都是首先经过相应的变换器,将其转化为直流数字电压表可以接受的直流电压,然后送入直流数字电压表,经 A/D 转换器变换为数字量,再经计数器计数并以十进制数字将被测量显示出来。

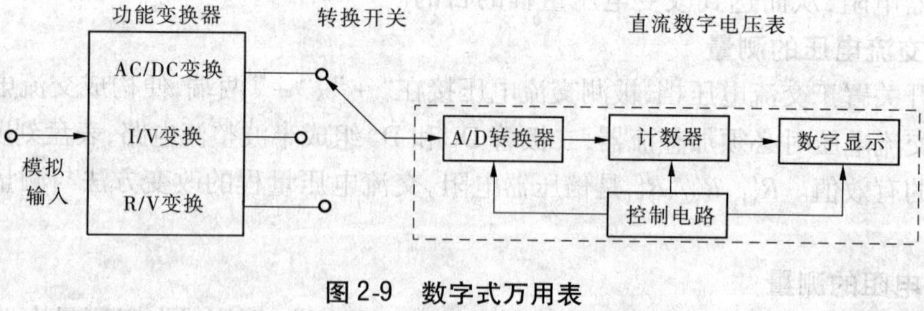

图 2-9　数字式万用表

以 DT－830 型数字式万用表为例(见图 2-10),说明其测量范围和使用方法。

(一)测量范围

(1)直流电压分五挡:200 mV、2 V、20 V、200 V、1 000 V。输入电阻为 10 MΩ。

(2)交流电压分五挡:200 mV、2 V、20 V、200 V、750 V。输入阻抗为 10 MΩ。频率范围 40～500 Hz。

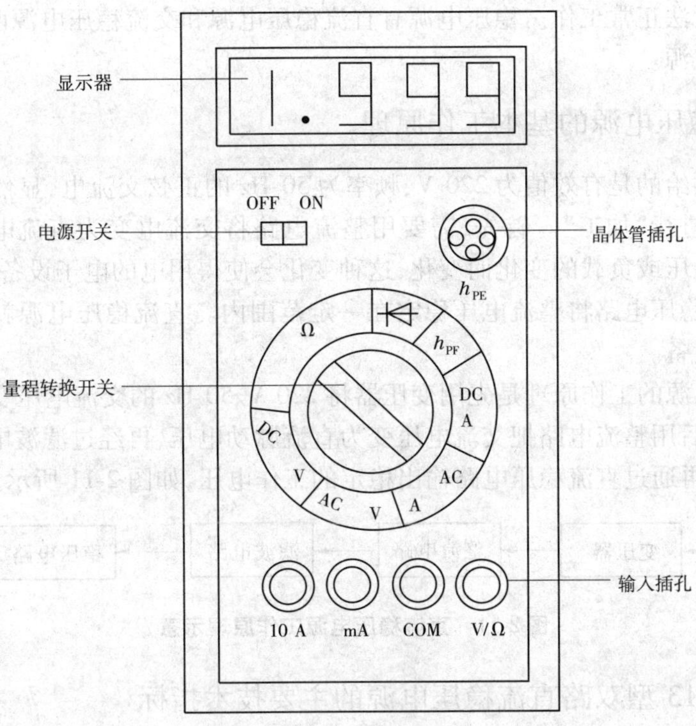

图 2-10　DT－830 型数字式万用表

(3)直流电流分五挡:200 μA、2 mA、20 mA、200 mA、10 A。

(4)交流电流分五挡:200 μA、2 mA、20 mA、200 mA、10 A。

(5)电阻分六挡:200 Ω、2 kΩ、20 kΩ、200 kΩ、2 MΩ、20 MΩ。

此外,DT－830 型数字式万用表还可检查二极管的导电性能,并能测量晶体管的电流放大系数和检查线路通断。

(二)面板说明

(1)显示器。显示四位数字,最高位只能显示 1 或不显示数字,算半位,故称三位半。最大指示值为 1.999(或 －1.999)。当被测量超过最大指示值时,显示 1(或 －1)。

(2)电源开关。使用时置于"ON"挡;使用完毕置于"OFF"挡。

(3)量程转换开关。根据被测量的电量选择相应的功能位;根据被测量的大小选择适当的量程。

(4)输入插孔。将黑色测试笔插入"COM"插孔。红色测试笔在测量电压和电阻时,插入"V/Ω"插孔;测量小于 200 mA 电流时,插入"mA"插孔;测量大于 200 mA 电流时,插入"10 A"插孔。

第四节　直流稳压电源

稳压电源是在电网电压或负载变化时,其输出电压能够基本上保持不变的电源。电源电压的稳定在电路测量中特别重要,这是因为电源电压的不稳定可能造成测量误差,甚至可能使电路无法正常工作。稳压电源有直流稳压电源和交流稳压电源两大类。下面只介绍直流稳压电源。

一、直流稳压电源的基本工作原理

市电电源供给的是有效值为 220 V、频率为 50 Hz 的正弦交流电，显然不能用做直流电源，需要对它进行“加工”。首先，需要用整流电路将交流电变为直流电。整流后的电压会随着市电电压或负载的变化而变化，这种变化会使得用电的电子设备不能正常工作。因此，还需要用稳压电路将整流电压稳定在一定范围内。直流稳压电源就是完成上述两项任务的电子设备。

直流稳压电源的工作原理是先用变压器将 220 V、50 Hz 的交流电压变换为所需幅度的交流电压，然后用整流电路把交流电压变为直流脉动电压，再经过滤波电路使直流脉动电压平滑，最后再通过直流稳压电路输出稳定的工作电压，如图 2-11 所示。

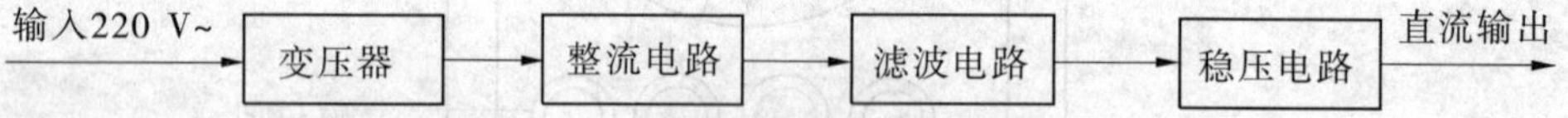

图 2-11　直流稳压电源工作原理示意

二、HH1713 型双路直流稳压电源的主要技术指标

(1)该稳压电源具有步进换挡、电压连续可调的功能。

(2)输出电压：0～30 V(3 V 步进，共 10 挡)。

(3)输出电流：0～2 A。

(4)纹波电压：≤1 mV(有效值)。

(5)电表误差：≤3%(满量程)。

三、HH1713 型双路直流稳压电源的使用方法

(1)电源共有两路输出，每路各有一块电压/电流表。当“电压/电流指示选择开关”处于正常状态时，仪表显示的是电压值，当按下“电压/电流指示选择开关”时，仪表显示的是电流值。

(2)输出电压 0～30 V 连续可调。开机前应根据使用要求将“输出电压步进选择开关”置于所需的挡级，“输出电压连续调整旋钮”调到最小位置；接通交流电源后，再用“输出电压连续调整旋钮”将输出的直流电压调节到所需要的电压值。

(3)调好输出电压后，先关闭交流电源，再连接实验电路，以免误将过高电压引入实验电路，造成实验设备的损坏。改变测试电路时，则应“先断电，后接线”，严禁带电操作，以保证人身和设备的安全。

(4)两组“＋”、“－”端钮分别为两路电源的输出端。另外，“⊥”端是与机壳相连的端钮。将面板上的“⊥”接线柱与“－”(或“＋”)接线柱相连，可组成正(负)电压输出。

(5)当实验所需的直流电源电压超过 30 V 时，可将两路输出串联使用，输出电压为各电源电压表指示之和。但须注意，这时只允许其中一路的“－”接线柱与面板上的

“⊥”接线柱连接。

四、HH1713 型双路直流稳压电源的使用注意事项

(1)使用中不要将电压输出端短路,如发现短路现象,应迅速关闭电源。不能使输出电流超过稳压电源的额定电流值。

(2)对于一般多量程的仪表(电压表、电流表等) 都是以仪表的满刻度来代表各个量程的最大值,根据所选的量程读取测量数据。而稳压电源面板上的电压表和电流表却不同,它们都是标以电压和电流的实际值。例如,电压表上的 15 就是 15 V,与“输出电压步进选择开关”无关。

第五节　直流电桥

电桥是另一种比较式仪器,它的特点是灵敏度和准确度都很高。电桥分为直流电桥和交流电桥,直流电桥主要用来测电阻。根据结构的不同,直流电桥又分为单臂电桥和双臂电桥两种。直流电阻可以用磁电系测量机构直接测量,但是准确度较低,特别是测量几欧姆以下的小电阻时,由于接触电阻和导线电阻的影响而使测量无法进行。使用电桥就可以比较准确地测量电阻。单臂电桥用于测量 $1\sim10^6\ \Omega$ 的中等数值电阻,而双臂电桥用于测量 $10^{-6}\sim1\ \Omega$ 的低值电阻。交流电桥主要用于测量电路元件的等效交流参数。直流单臂电桥面板图如图 2-12 所示。

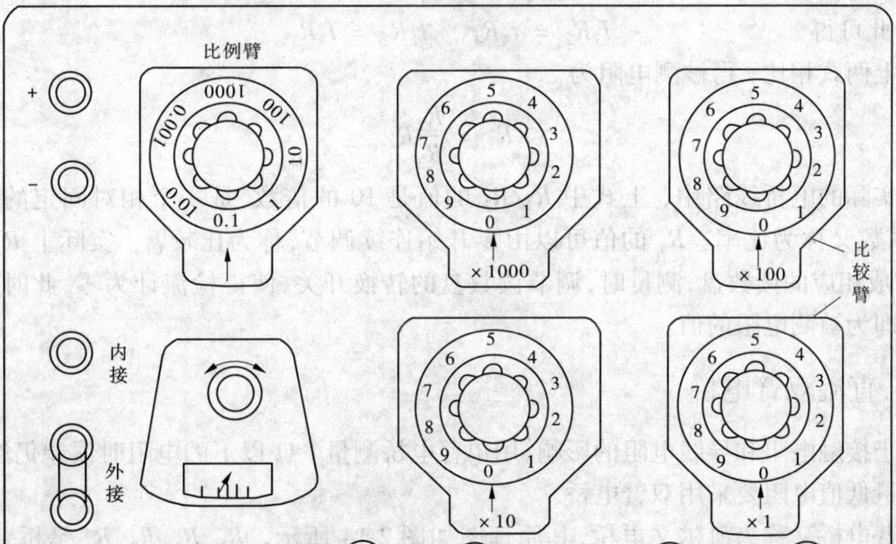

图 2-12　直流单臂电桥面板图

一、直流单臂电桥

直流单臂电桥又称为惠斯登电桥，其原理图如图 2-13 所示。其中 R_x、R_2、R_3、R_4 构成四个电桥的桥臂，R_x 为被测电阻，其余三个桥臂连接标准可调电阻。电桥的一条对角线 ac 上接直流电源 E，另外一条对角线 bd 上接检流计。

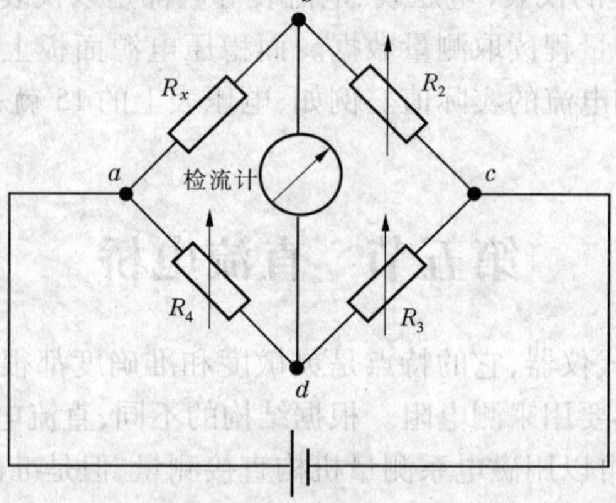

图 2-13　直流单臂电桥的原理图

测量时，调节某个桥臂的电阻使得检流计的电流为零，即 $U_{bd}=0$，这时电桥平衡，则

$$I_x = I_2,\ I_3 = I_4$$

由此可得

$$I_x R_x = I_4 R_4,\quad I_2 R_2 = I_3 R_3$$

将上两式相比，得被测电阻为

$$R_x = \frac{R_2}{R_3} R_4$$

在实际的电桥线路中，上式中 R_2/R_3 的值是 10 的倍数，是一个相对固定的比例系数，该系数又称为比率。R_4 的值可以由零开始连续调节，称为比较臂。实际上 R_2/R_3 和 R_4 已制成相应的读数盘，测量时，调节读数盘的转换开关，使得检流计为零，此时两表盘的乘积即为被测电阻的值。

二、直流双臂电桥

由于接触电阻和导线电阻的影响，用单臂电桥测量 1 Ω 以下的电阻时误差仍然很大，所以测量低值电阻要采用双臂电桥。

双臂电桥又称为凯尔文电桥，其原理图如图 2-14 所示。R_1、R_2、R_3、R_4 是桥臂电阻，也把电位端的接线电阻和导线电阻接在其中；R 为跨线电阻，电流端的接线电阻和导线电阻接在其中，阻值很小，可以通过大电流；R_x 和 R_n 分别是被测电阻和标准电阻，而且是四个端钮结构的电阻。这种接线方式消除了接线电阻和导线电阻的影响。

双臂电桥的平衡条件与单臂电桥的基本相同，其原理是要对图 2-14 进行 Y－△变换，电桥平衡时，有

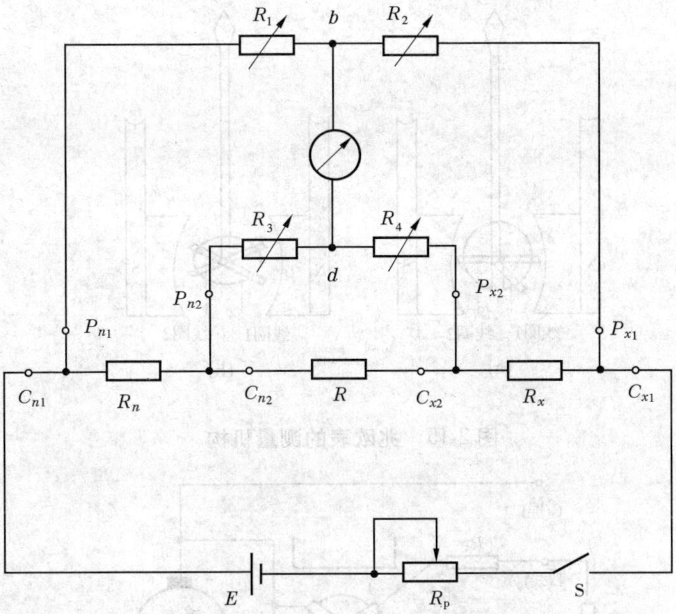

图 2-14　直流双臂电桥的原理图

$$R_x = \frac{R_2}{R_1} R_n$$

实际测量时,直流双臂电桥与单臂电桥的读数相同。R_2/R_1 和 R_n 也已制成相应的读数盘。测量时,调节读数盘的转换开关,使得检流计为零,此时两表盘的乘积即为被测电阻的值。但接线时应该注意,双臂电桥的标准电阻与被测电阻各有一对电流接头(C_{n1}、C_{n2}和 C_{x1}、C_{x2})和一对电压接头(P_{n1}、P_{n2}和 P_{x1}、P_{x2}),电流接头统一接在电压接头的外边且接线应尽量短、粗和接触要紧密。另外,直流双臂电桥的工作电流较大,要选择适当容量的直流电源,测量过程要迅速,以免耗电量过大。

第六节　兆欧表

一、兆欧表的结构及工作原理

兆欧表,俗称摇表,是测量绝缘体电阻的专用仪表,主要由磁电式比率计与手摇直流发电机组成。

兆欧表的测量机构如图 2-15 所示。它有两个可动线圈,两个线圈成一定角度固定在轴上,固定部分是永久磁铁。当线圈通以电流时,两个线圈受电磁力作用产生的力矩相反,一个是转动力矩、一个是反作用力矩,两线圈平衡时,两力矩相等。可以证明,指针的偏转角与两电流的比值成正比,即 $\alpha = K(I_1/I_2)$,所以该测量机构称为比率计。不同用途的磁电式比率型测量机构采用不同形状的铁芯和极掌,以获得所需要的不均匀的磁场。

兆欧表的测量原理电路图如图 2-16 所示。由图可以看出,被测电阻 R_x 与测量机构中的可动线圈 1 串联,则流过可动线圈 1 的电流 I_1 为

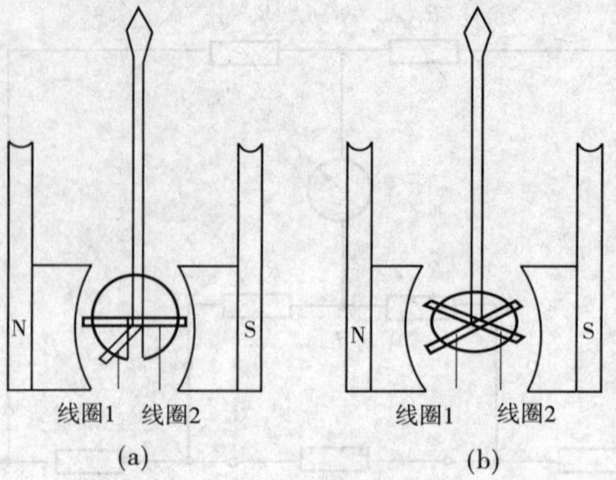

图 2-15　兆欧表的测量机构

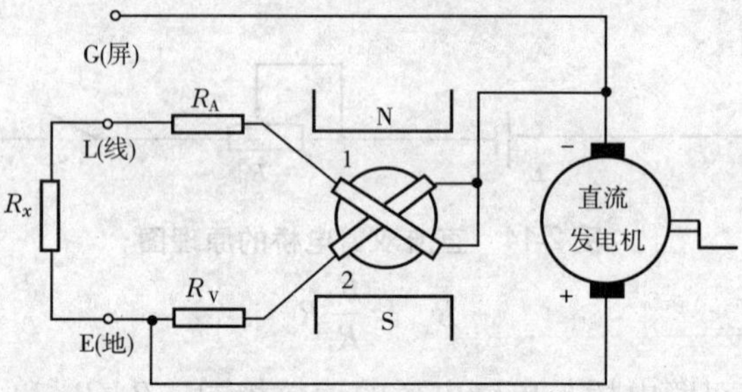

图 2-16　兆欧表的测量原理电路图

$$I_1 = \frac{U}{R_x + R_A}$$

流过线圈 2 的电流 I_2 为

$$I_2 = \frac{U}{R_V}$$

以上两式中的 R_A 和 R_V 为附加电阻，则

$$\alpha = K\left(\frac{I_1}{I_2}\right) = K\left[\frac{U/(R_x + R_A)}{U/R_V}\right] = K\left(\frac{R_V}{R_x + R_A}\right) = K_1 R_x$$

由上式可以看出，兆欧表的偏转角与发电机的电压及线圈的电流无关，只与被测电阻有关，兆欧表的指针偏转直接反映被测电阻的大小。

二、使用注意事项

(1)选用兆欧表时，其额定电压一定要与被测电气设备或线路的工作电压相适应，测量范围应与被测绝缘电阻的范围相吻合。不能用额定电压过高的兆欧表测量低电压电气设备的绝缘电阻，以免设备的绝缘受到损坏；不能用额定电压较低的兆欧表测量高压设备的绝缘电阻，否则测量结果不能真正地反映工作电压下的绝缘电阻。

(2)摇手摇发电机时，摇的速度须匀速且按规定选择，而且要保持一定的时间。常用的兆欧表的手摇发电机的电压在规定转速下有 500 V 和 1 000 V 两种，可根据需要选用。

因电压很高，测量时应注意安全。

(3)兆欧表的接线端钮有 3 个，分别标有"G(屏)"、"L(线)"、"E(地)"。被测的电阻接在 L、E 两端之间，G 端的作用是为了消除表壳表面 L、E 两端间的漏电和被测绝缘物表面漏电的影响。在进行一般测量时，把被测绝缘物接在 L、E 两端之间即可。但测量表面不干净或潮湿的对象时，为了准确地测出绝缘材料内部的绝缘电阻，就必须使用 G 端。

第七节　电动系仪表

电动系仪表是指可动线圈中的电流与固定线圈中的电流相互作用而工作的仪表，准确度高，应用广泛，可以交、直流两用，用来测量功率、相位角、频率等。

一、结构和工作原理

电动系仪表主要由固定线圈和可动线圈组成，如图 2-17 所示。固定线圈分两部分分绕在框架上，以产生均匀磁场；可动线圈固定在转轴上，轴上还固定有指针、旋转弹簧、空气阻尼片等。和磁电系仪表相同，可动线圈的电流也是从旋转弹簧引入的。由于固定线圈的电流不需经过旋转弹簧，所以固定线圈的导线可以选用较粗的导线。

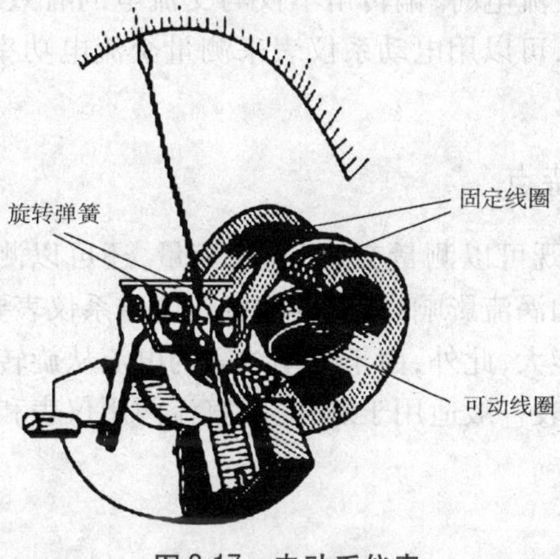

图 2-17　电动系仪表

当固定线圈中通以电流 I_1 时，根据电磁感应原理，将在线圈周围产生磁场，其磁感应强度 B 与电流 I_1 成正比。若可动线圈通入电流 I_2，则可动线圈在磁场 B 中将受到电磁力的作用，根据左手定则可判断出，可动线圈的左右两侧有效边受到的电磁力的方向刚好相反，大小与磁感应强度 B 和电流 I_2 的乘积成正比。该力矩可以表示为

$$T = K_1 I_1 I_2$$

此力矩将带动转轴和指针一起偏转。同时旋转弹簧将产生反作用力矩，与指针的偏转角成正比，即

$$T_f = K_f \alpha$$

当反作用力矩与转动力矩相等时，指针稳定下来，偏转角为

$$\alpha = \frac{K_1}{K_f} I_1 I_2 = K I_1 I_2$$

上式说明,当测直流电时,偏转角与两个线圈所通电流的乘积成正比,依此可以刻出表盘,但表盘刻度不均匀。

指针的偏转方向取决于两个电流的方向,改变其中任何一个线圈的电流方向即可改变指针的偏转方向。若固定线圈和可动线圈的电流同时改变,则指针的偏转方向不变。因此,电动系仪表既可以测量直流量,也可以测量交流量。

对电动系仪表通入正弦交流电 i_1 和 i_2,与电磁式仪表相似,其转动力矩的瞬时值与两电流的瞬时值乘积成正比。同样,习惯上用平均值衡量被测量,则平均力矩为

$$T = \frac{1}{T}\int_0^T K_1 i_1 i_2 \mathrm{d}t = K'_1 I_1 I_2 \cos\varphi$$

式中 I_1 和 I_2——交流电的有效值;

$\cos\varphi$——交流电 i_1 和 i_2 相位差的余弦。

当用电动系仪表测交流电时,其偏转角为

$$\alpha = \frac{K_1}{K_f} I_1 I_2 \cos\varphi = K I_1 I_2 \cos\varphi$$

从上式可以看出,测交流电时,偏转角不仅与交流电的有效值有关,还与两电流的相位差的余弦成正比。因此,可以用电动系仪表来测量交流电功率。电动系仪表的阻尼装置与电磁系仪表的相同。

二、电动系仪表的特点

电动系仪表的优点是既可以测量交流量、直流量,还可以测量非正弦交流量的有效值,由于没有铁芯的磁滞和涡流影响,所以准确度比电磁系仪表要高;缺点是刻度不均匀,过载能力差,仪表内部耗能大,此外,由于可动线圈的电流从旋转弹簧引入,所以其抗电磁干扰能力较差。电动系仪表一般适用于制作交、直流两用仪表和交流校准表,或用来制作功率表。

三、电动系功率表

电动系仪表的偏转角不仅与两线圈电流的有效值有关,而且与它们的相位差的余弦有关,所以通常用电动系仪表来测量电功率。

(一)工作原理

测量功率时,电动系仪表可动线圈的电流从旋转弹簧流入,因为线圈的导线较细,所通过的电流较小,所以用可动线圈作为电压线圈(即可动线圈)串联倍压器后,与测量电路并联以测量负载电压。固定线圈的电流可直接流入线圈,因为线圈的导线较粗,可以通过较大电流,所以可作为电流线圈(即固定线圈)与被测电路串联以测量电流。电动系功率表的结构示意和简化符号如图 2-18 所示。

1. 直流的情况

在测量直流功率时,电动系仪表的偏转角 $\alpha = KI_1I_2$,可动线圈作为电压线圈,电压与

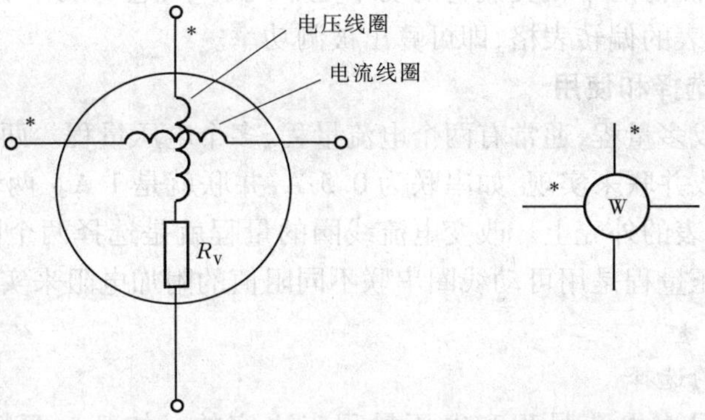

(a)结构示意　　(b)简化符号

图 2-18　电动系功率表

电流同相,则

$$\alpha = KI_1\frac{U}{R_2} = K_pIU$$

由上式可知,电动系功率表的偏转角与功率 UI 成正比。也就是说,只要测出了指针的偏转格数,就可以算出被测量的电功率,即

$$P = UI = \frac{\alpha}{K_p} = C\alpha$$

式中　K_p——分格常数;

C——功率表每格所代表的功率,用量程除以满标值求得。

【例 2-3】　功率表的满标值为 1 000,现选用电压为 100 V,电流为 5 A 的量程,若读数为 600,求被测功率为多少?

解　若选用题目中的量程,则功率表每格所代表的功率为

$$C = \frac{I_mU_m}{\alpha_m} = \frac{5\times100}{1\ 000} = 0.5(\text{W/格})$$

于是,被测功率为

$$P = C\alpha = 0.5\times600 = 300(\text{W})$$

从上例可以看出,功率表的量程选择,实际上是通过选择电压和电流量程来实现的。

2. 交流的情况

在测量交流电时,电动系仪表的偏转角不仅与电压电流有效值的乘积有关,而且与它们的相位差的余弦有关。电动系功率表的电压线圈上的电压与其所通过的电流有一定的相差,但电动系仪表的电压线圈串有很大的分压电阻,其感抗与电阻相比可忽略,认为电压线圈上的电压与其电流基本同相,则有

$$\alpha = KI_1I_2\cos\varphi = KI_1\frac{U}{R_2}\cos\varphi = K_pIU\cos\varphi$$

则单相交流电的功率为

$$P = UI\cos\varphi = \frac{\alpha}{K_p} = C\alpha$$

可见,由功率表测得的单相交流电的功率是平均功率,它与功率表的偏转角成正比。同理,只要测出了仪表的偏转表格,即可算出被测功率。

(二)功率表的选择和使用

功率表一般做成多量程,通常有两个电流量程、多个电压量程。两个电流量程分别用两个固定线圈串联或并联来实现,如串联为0.5 A,并联就是1 A。两个固定线圈有四个端子,都安装在功率表的外壳上。改变电流线圈的量程就是选择两个固定线圈是串联还是并联。不同的电压量程是用可动线圈串联不同阻值的附加电阻来实现的。电压量程的公共端钮标有符号“ * ”。

1.功率表量程的选择

功率表的量程是由电流量程和电压量程来决定的。如某一瓦特计的电流量程为0.5 A、1 A,电压量程为150 V、300 V、600 V。若被测交流负载的电压有效值是220 V,电流有效值为0.4 A,则应选功率表的电压量程为300 V,电流量程为0.5 A,功率的量程等于电压量程与电流量程的乘积,即300 V×0.5 A=150 W,则功率表指针满刻度偏转时读数为150 W。当电流线圈和电压线圈的量程都满足要求时,功率表的量程也就自然满足了。在实际测量时,为保护功率表,一般要接入电压表和电流表,以监视电压和电流不超过功率表的电压量程与电流量程。

2.功率表的接线

功率表内部有两个独立支路,一个是电流支路,另一个是电压支路。当接入电路时,必须使固定线圈和可动线圈中的电流遵循一定的方向,使功率表的指针正方向偏转。为了使接线不发生错误,通常在电流支路和电压支路的一个端点上各标有“ * ”特殊标记,这个特殊标记称为对应端(或同名端)。

因为电流线圈是串联接入电路的,其对应端和电源端连接,非对应端要接到负载端。对于电压线圈,其对应端可以接到电流线圈的任一端,非对应端必须跨接到负载的另一端。功率表电压线圈的对应端向前接到电流线圈的对应端,该方式简称为前接法。

采用前接法时,电流线圈的电流与负载电流相等,电压线圈的电压包括电流线圈的电压和负载的电压,功率表的读数包含了电流线圈消耗的有功功率。功率表电压线圈的对应端向后接到电流线圈的非对应端,简称为后接法。

采用后接法时,电压线圈的电压与负载端电压相等,电流线圈中的电流包括电压线圈的电流和负载的电流,功率表的读数包括电压线圈损耗的有功功率。

3.功率表接法引起的误差计算

实际测量时究竟采用哪种接法,应该根据功率表参数和负载电阻的大小来选择接线方式。接线基本原则是:功率表本身消耗的功率要尽量小,以减小仪表消耗对测量结果的影响。此外,应尽量使功率表消耗的功率在测量结果中可以修正(即可以在功率表的读数中减去功率表消耗的功率,也就是功率表消耗的功率可以计算)。

如果被测负载的电流总是变化的,而负载两端的电压 U 不变,应该采用后接法。反之,如果被测负载两端的电压总是变化的,而负载的电流 I 不变,应该采用前接法,此时电流线圈引起的功率测量误差 ΔP_A 也可以计算出来。如果电压、电流都在变化,哪种接法引起的误差小,就用哪种接法。

4. 功率表的读数

功率表的刻度尺之所以只标出分格数（如 150 个分格等）而不标瓦数，是因为功率表一般是多量程的。在选用不同的电流量程和电压量程时，每分格代表的瓦数不同。每分格代表的瓦数，称为功率表的分格常数。一般功率表都附有表格，标明了功率表在不同电流、电压量程上的分格常数，供读数时查用（实际读数时，很容易推导出分格常数）。按上述对应端接线时，一般情况下功率表指针正向偏转。但也有例外，如 φ 角大于 90°时，功率表的指针会反偏转，这表示功率本身是负值，负载不是吸收功率而是发出功率。这时只要把电流线圈两个端子交换一下就可以了，但读数应记为负值。如果功率表面板上装有倒向开关，只要改变一下倒向开关，指针也会正向偏转，读数也要记为负值。

四、三相功率的测量

三相交流电的功率有以下三种测量方法：

（一）一表法

对于三相对称电路，由于各相负载所消耗的功率相等，所以可以采用一瓦计法测量出一相的功率，然后乘以 3，则为三相的功率，即 $P=3P_1$。

（二）二表法

对于三相三线制电路，不论负载的接线方式是星形还是三角形，都可以采用两瓦计法来测量功率，如图 2-19 所示。两个功率表的读数之和为三相总功率，即 $P=P_1+P_2$。

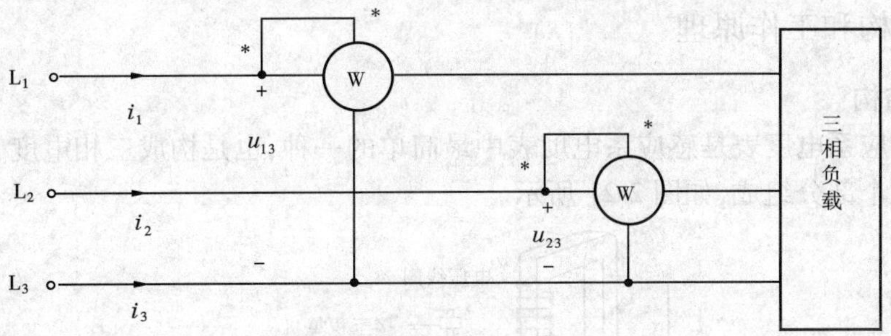

图 2-19 二表法示意图

由图 2-19 可以看出

$$P_1 = u_{13}i_1\cos\alpha,\quad P_2 = u_{23}i_2\cos\beta$$

式中 α——线电压 u_{13} 与线电流 i_1 的相位差；

β——线电压 u_{23} 与线电流 i_2 的相位差。

采用二表法进行测量时，两个功率表的电流线圈串接在三相电路中任意两相以测线电流，电压线圈分别跨接在电流线圈所在相和公共相之间以测线电压。应该注意的是，电压线圈和电流线圈的进线端“＊”仍然应该接在电源的同一侧，否则将损坏仪表。

（三）三表法

对于三相四线制电路，通常采用三瓦计法测量功率，如图 2-20 所示。三个功率表的代数和为三相总功率，即

$$P = P_1 + P_2 + P_3$$

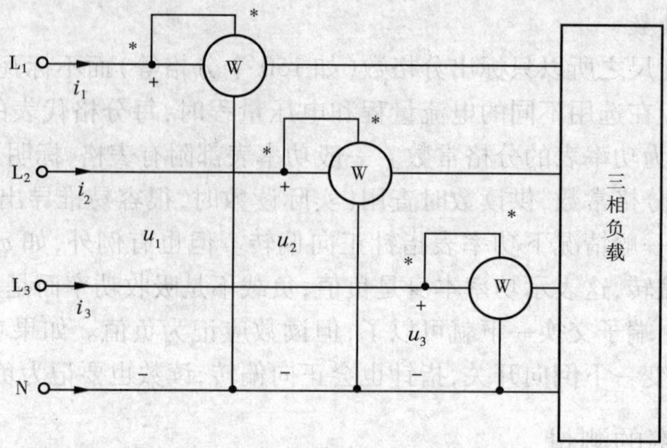

图 2-20　三表法示意图

第八节　单相感应系电度表

电度表是一种测量电能的仪表。测量交流电能的电度表一般都采用感应系测量机构。所谓感应系测量机构，是利用几个铁芯线圈产生的磁通与这些磁通在可动部分的导体中感应的电流之间的作用力而工作的。

一、结构和工作原理

(一)结构

单相感应系电度表是感应系电度表中最简单的一种，也是构成三相电度表的基础，主要由以下三个部分组成，如图 2-21 所示。

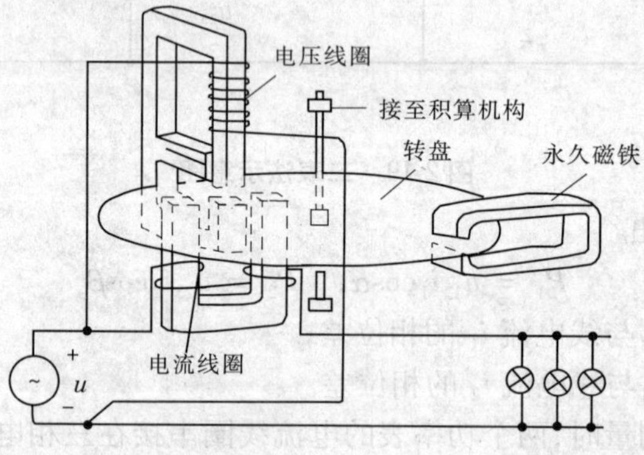

图 2-21　单相感应系电度表的主要结构

(1)驱动机构。用来产生转动力矩，包括电压线圈、电流线圈和铝制转盘。当电压线圈和电流线圈通过交流电时，就有交变的磁通穿过转盘，并在转盘上感应出涡流，涡流与交变磁通相互作用产生转动力矩，从而使转盘转动。

(2)制动机构。用来产生制动力矩，由永久磁铁和转盘组成。转盘转动后，涡流与永久磁铁的磁场相互作用，使转盘受到一个反方向的磁场力，从而产生制动力矩，致使转盘以某一转速旋转，其转速与负载功率的大小成正比。

(3)积算机构。用来计算电度表转盘的转数，以实现电能的测量和计算。转盘转动时，通过蜗杆及齿轮等传动机构带动数字轮转动，从而直接显示出电能的度数。

(二)工作原理

当交流电流过电压线圈和电流线圈时，铁芯中产生交变磁通，随着时间的推移，同方向的磁通的位置向右移动。移进的方向是从相位超前的磁通位置到相位滞后的磁通位置，所产生的磁场称为移进磁场。移进磁场在“扫过”铝盘时，铝盘中产生感应电流(称涡流)，涡流与移进磁场相互作用而产生电磁力矩，推动铝盘转动，再由积算机构显示出电能的度数。

二、单相电度表的接线

单相电度表接线时，电流线圈与负载串联，电压线圈与负载并联。单相电度表共有4根连接导线，2根输入，2根输出。电流线圈及电压线圈的电源端应接在相(火)线上，并靠电源侧。如图2-22所示，接线原则即“火线1进2出”，“零线3进4出”。

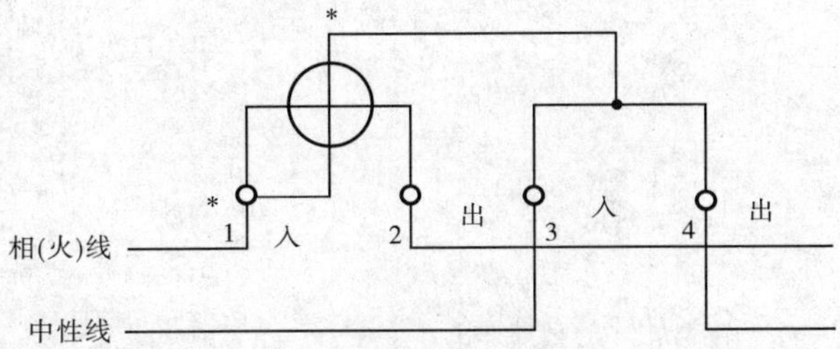

图2-22 单相电度表的接线

三、单相电度表的正确使用

(1)交流电流的频率与电度表的频率应相等。

(2)要求负载的电压和电流不超过所用电度表的额定值。

(3)灵敏度和潜动是电度表的两个重要技术数据。灵敏度是指在额定电压、额定频率及 $\cos\varphi = 1$ 的条件下，负载电流从零开始均匀增加，直至铝盘开始转动的最小电流和额定电流的百分比。潜动是指负载电流为零时电度表的转动。在选择电度表时要求这两个数据达到规定要求。按规定，灵敏度应不大于0.5%，潜动是在线路电压为额定电压的80% ~110%时铝盘转动应不超过一周。

(4)电度表安装测量时要垂直，倾斜度不大于1°。

习　题

2-1　为什么电动系测量机构可以测功率？指针偏转与什么功率(有功功率、无功功率、视在功率)成正比？

2-2　若使用电流表头，串联电阻1 000 Ω，可制成量程为1 V的电压表，欲将该电压表的量程扩大为10 V，应如何改装此电压表？

2-3 磁电系测量机构由哪些部分组成？

2-4 有一只磁电系毫安表，其表头内阻为98 Ω，表头满刻度电流为1 mA，分流电阻为2 Ω，求其测量量限。

2-5 用兆欧表进行测量时有几种接线方法？它是在什么情况下采用不同的接线方法的？

2-6 电桥分为几种？它们的区别是什么？

2-7 用功率表测量功率时，指针出现反偏是什么原因造成的？

2-8 电度表的接线原则是什么？什么是电度表的潜动，对其有什么要求？

第三章　电工实验的基本原则和正确操作

本章主要介绍电工实验的一些基本原则和正确的操作方法，熟练掌握和灵活运用这些基本常识，将有利于实验的顺利进行和人身、仪器设备的安全。

第一节　电工测量的方案设计原则和仪器仪表选择的基本方法

一、电工测量的方案设计原则

在进行测量前，应根据被测对象及测量的目的与要求，提出一个或几个较周密的实施方案(计划)。方案的内容应包括理论根据、测量线路、测试方法、测试设备、具体测量步骤、数据表格、可能出现的问题及采取哪种技术措施等内容，有时还包括时间进度、人力配备和经费预算。衡量一个实验方案的优劣，一般用科学性、先进性、经济性(经济效益)等三个指标(简称“三性”)。一个实施方案的最后取舍，要由可行性分析论证决定。可行性分析论证的目的，是审查实验方案是否符合“三性”，对方案的整体或局部进行更好的修正，使得在达到电工测量目的与要求的前提下，投入的人、财、物最少，并且在现有条件下都能实现。

二、选择测量方法和测量仪器时要注意的几个问题

在进行测量之前，必须根据相关理论和自己的经验，考虑并回答下列问题：

(1)实现这次测量的最适合的方法是什么？

(2)测量的步骤怎样进行最合适？

(3)测量结果如何显示出来？

(4)被测量的允许误差是多少？

(5)使用的测量仪器仪表对被测对象的影响如何？例如，测量仪器仪表的内阻大小是多少？这些内阻是否从被测对象中吸取功率？

(6)被测对象对测量仪器仪表的性能有何影响？

(7)测量结果是否受到了外界其他因素的影响？

(8)测量方法的经济效益分析。

在上述几个问题中，最容易被忽视的是被测对象对测量仪器仪表性能的影响。所以，除对测量仪器仪表的性能要做到十分熟悉外，还要对被测对象有足够的了解。例如，被测对象本身是否会引起测量线路内部的电流或电压的重新分配？被测量的内阻、波形以及

频率如何？是否超过所选用的仪器仪表的额定测量范围（量程）？选用的仪器仪表是否还能保证测量的精确度？综合考虑了这些问题后，再重新设计或修改测量方案，直至得到最好的方案。

三、仪器仪表选择的基本原则和方法

在前面几章，我们已经了解并初步掌握了关于电工仪器仪表的基本知识。电工测量过程中，在元器件和仪器仪表选择方面，一般会遇到两种情况：一种是实验对象、实验目的与要求已定，由实验者选用元器件、仪器仪表；另一种是提出了实验目的、要求以及实验室现有的元器件和仪器仪表清单，由实验者从中确定实验对象、工作参数和设计实验电路。显然，后者较前者要复杂一些，但涉及问题的性质基本相同。下面介绍一些选择的基本原则和方法：

（1）根据实验目的与要求或被测量的性质，选择元器件、仪器仪表的类型。如线性还是非线性，直流还是交流，正弦还是非正弦，方波还是其他脉冲波，低频还是高频，等等。与之对应的元器件、仪器仪表的类型不相同，并不可以通用。

（2）参数值范围和被测量量程的选择。对于测量中使用的元器件，如滑线电阻、电容器等，要根据其参数的最大值和最小值以及参数的最大误差（一般称为元器件的精度），可调节的范围，允许的工作电压、工作电流等是否都满足实验的测量要求来选定，并留有余地。对于仪器仪表，其量程应选择在被测量值的1.1～1.5倍为宜，量程选得过大，会增加容许误差；过小，会损伤仪器仪表。

（3）根据实验电路或被测对象阻抗的大小选择仪器仪表的内阻（内阻抗）。选择电源（信号源）设备的输出阻抗，要尽量使之相匹配。选择测量用的仪器仪表的内阻，需使之产生的系统误差尽量小。

（4）根据测量要求的精度，选择仪器仪表的准确度等级。仪器仪表的准确度和元器件精度的选择，除满足作为被研究的对象（即被测对象）的精度要求外，一般至少要高于要求的测量精度一个等级以上。如实验要求的测量精度为±5%，则应选择准确度为2.5级或2.5级以上（1.5级、1.0级、0.5级等）的仪器仪表。在仪器仪表准确度和元器件精度等级的选定方面，只要能满足实验要求的测量精度，应“就低不就高”。因为高精度元器件和高准确度仪器仪表不仅价格贵，而且给使用、校验、维修、管理带来诸多不便。从另一角度看，影响实验精度的因素很多，在其他各影响因素未解决之前，单凭提高元器件的精度和仪器仪表的准确度，意义不是很大。

（5）根据使用场所、环境、条件，选择具有不同内、外防护能力的仪器仪表。由于电路实验室各方面条件比较好，选用普通、便携式仪表一般均能满足要求。此外，还应了解场所、环境、条件的不同，对元器件、仪器仪表的选择有特殊要求。如对外部电磁场的防护能力，对温度、气压、湿度、霉菌、盐雾、尘埃等的适应和防护能力，防爆、防水、抗振动、抗冲击等的能力。当遇到上述环境问题时，应查阅《电测量指示仪表通用技术条件》（GB 776—76），正确选择合适的测量仪器和仪表。

（6）元器件和仪器仪表的整体配套性。选用元器件、仪器仪表是为了成功地完成测量任务，达到测试的目的与要求。但是，如果考虑不周，从局部看，我们的选择可能是合理的，但从整体看，可能又不合理。这种不合理性往往表现在元器件的精度和仪器仪表的准确度等级、参数值范围和容量等不配套。这样，不得不中途更换元器件和仪器仪表，或者只能中止测量实验。其实质上反映出考虑问题欠周密，没能把握住全局和整体。在此提出这个问题，是提醒读者在实验过程中，要逐步树立整体思想，学会全面综合地分析和处理问题。

第二节　电路实验的操作步骤

电路实验是充分调动实验者全身各个感官的一项工作，正所谓“心中有数，手脑并用，眼观六路，耳听八方”，并且在操作的全过程保证“准确、安全、规范”。所谓准确，是指实验测量结果达到要求的测量精度；所谓安全，是指实验测量过程一定要保证人身安全和设备的完好；所谓规范，是指电工测量过程一定要按电气操作的规范进行，养成良好的操作习惯。

一、明确实验对象、目的与要求

实验对象、目的与要求，是进行实验的出发点和归宿，是设计、制定和论证实验方案，评价实验结果的主要依据。不了解这些，实验无从谈起。

(1)实验对象可以是某一个器件、某一电路、某一系统，也可以是一个具体的装置或仪器等。这里主要是要了解它们的总体结构、具体组成、工作条件及其性能、参数。因为这些直接影响实验方案的制订。例如，研究 R、L、C 串联谐振。这一实验电路由 R、L、C 元件，测试仪器(仪表)和电源组成。但是，了解不能到此为止，还必须进一步了解 R、L、C 的具体情况。即三个元件的参数是固定的还是可调的，它们的数值范围是多大；允许的工作电流和工作电压各是多少。然后才能考虑是用调节电源频率的方法，还是用改变电路参数的方法来研究电路谐振。这两种方法虽然都可获得相同的实验效果，但使用的仪器仪表差别很大，不能通用。

(2)做任何一项实验都有目的与要求，随着目的与要求不同，实验的任务和完成任务的方法以及要采取的技术措施也不相同。在实验过程中，除完成实验本身目的与要求外，还要通过具体实验的实践过程，达到培养学生的基本测量技能和综合测试能力的目的。电路实验，就其研究的内容和性质可分为测量性实验、设计性实验、计算机辅助分析和设计实验。其中的测量性实验包括电路变量(如电压、电流、功率)的测量、电路元器件特性和参数的测量、电路特性的测量(如谐振电路、动态电路的动态特性)等。

二、预习

电路实验受到时间和条件限制，在规定时间内，能否顺利完成实验任务，达到实验目的与要求，关键在预习。虽然要做的实验有教材，要求学生自己独立设计的题目不很多，但是决不能因此就“拿着书本走过场”。学生一定要通过阅读实验指导书、了解实验室的仪器设备、悉心思考后，编写预习报告(也是正式报告的一部分)，做到对每个实验“心中有数”。只有“心中有数”，才能做到在实验过程中有条不紊，主动地去观察实验现象，发现并分析问题(或自己就可以增加自拟的实验内容),取得最佳实验效果。否则,必然手忙脚乱,完不成实验任务,达不到实验目的与要求,甚至发生事故。这一点,必须要避免发生。预习的重点应是:

(1)明确实验目的、任务与要求,估计实验结果。

(2)阅读有关教材和资料,弄懂实验原理、方法;熟悉或设计实验电路;拟定实验步骤;对提出的思考讨论题和注意事项要形成深刻印象,以便在实验操作过程中观察、解决和注意。

(3)根据实验目的、任务与要求,在实际观察的基础上,提出元器件、仪器仪表和设备清单(包括型号、规格、量程、容量、数量)。对未使用过的仪器仪表和设备,要借阅使用说明书,掌握使用要领。

(4)设计实验数据表格。一个好的实验数据表格相当于实验操作提要。在设计数据表格时,必然促使设计者对实验目的、任务与要求,具体测试项目,数据采集量,以及操作步骤等做深入的思考。此外,还要思考哪些数据应该采集密一些(例如,峰点、谷点、拐点及其附近),哪些可以采集疏一些(例如直线)。在使用表格时,还会提示操作者测量时不丢项、不漏测。

(5)准备好实验过程中所需的文具用品(如坐标纸、铅笔、曲线板、计算器等)。

三、实验电路的连接

(1)实验电路的连接应本着以下三个原则进行,即合理布局(使实验对象、仪器仪表之间的位置和距离、跨接导线长短对实验结果影响最小);便于操作、调整和读取数据;连接简单、方便,连接头不过于集中,整齐美观。

(2)连接顺序应视电路复杂程度和操作者技术熟练程度自定。对初学者来说,可按照电原理图一一对应接线为好。较复杂的电路,应先连接串联部分,后连接并联部分;同时考虑元器件、仪器仪表的同名端、极性和公共参考点等都应与电原理图设定的位置一致;最后连接电源端。接线时,避免在同一个端子上连接三根以上的连线(应分散接线),以减少因牵动(碰)一线而引起端子松动、接触不良或导线脱落,导致产生较大的接触电阻,甚至引发事故。

(3)对连接好的电路,一定要认真细致地检查,这是保证实验顺利进行、防止事故发生的重要环节。学生通过对线路的检查,既是对电路连接的间接实践(往往比实际连接还要难些)和再次实践,又是建立电原理图与实物安装图之间内在联系的训练机会。检查的方法:从电路的某一点开始(如电源的一端),依次按连接导线和连接点检查各实验装置接入电路的情况,巡遍整个电路直至“始点”。要将电原理图和实物对照,以原理图校对实物。检查的最后一道程序是“认可”。“认可”就是发放通电操作令,并对由此而产生的后果负有责任。因此,最初的几次实验除学生自己检查外,还应由指导教师复查,经复查认可后,方可通电操作。应该逐步做到由学生自检(培养独立工作能力),指导教师一般不再复查。

四、实验预操作

预操作(也称为试做)是指这样一种操作,即:接通电源,将输入量由零开始输入,在实验要求范围内快速、连续地调节各参量,观察实验全过程,然后将输入量回零。预操作的目的有以下四个:

(1)进一步考验电路连接的正确性和发现故障。

(2)检验选用的元器件、仪器仪表规格、量程是否合适。

(3)观察给定的参量、参数能否达到实验目的与要求。

(4)确定实验数据的合理取值范围。

五、实验操作与读取数据操作

为了获得实验所需数据(包括现象、图形等),而获得的数据是否合理、准确可靠,与操作和读数有很大关系。在一个实验中应该读取哪些数据,取值在什么范围内合理等问题,主要在预习、设计实验数据表格和预操作中考虑并解决。这里只说明操作与读数的配合问题。配合不好,将会带来很大的附加误差和数据分散性,降低实验精度,增加处理数据的时间。因为影响配合的因素较多,且没有统一模式可遵循,因此要求实验者不能简单机械地操作、读数,单纯地完成实验任务,而要注意总结经验,掌握技能。实验数据的判断,是指在较短时间内,判断所读取的数据是否基本可靠合理,以便及时发现错测、错读、错记和漏测的数据,在实验线路未拆除之前,予以补测和订正。

数据判断的依据是实验测量获得的数据是否达到了实验目的与要求,是否符合基本原理、基本规律或已经给出的参考标准。初学者可通过代入 1 ~ 2 组实验数据进行验算、作简图与理论或给定的参考标准进行比较,得出所读取的数据是否基本可靠的结论。对于探索性实验的测量数据或未给出参考标准的数据,应根据基本原理和定律判断。如测量交流参数时,应符合 $R \leqslant Z, X \leqslant Z$;测量功率时,应符合 $P \leqslant UI, \lambda(\cos\varphi) \leqslant 1$ 等。

关于实验数据中异常值的处理问题。所谓异常值,是指不符合实验目的与要求,或测量误差超过 ±5% 以上的实验数据。根据选定测量线路、方法及仪器仪表的灵敏度,一般情况下,实验误差均在 ±5% 范围内。异常值多半是测量、读数或记录方面的错误引起的,这些错误可以通过检验、重点测试得到订正。有时,异常值在多次重复测试中不变,则应找出其原因(解释),不要轻易改动、舍弃(允许保留不用)。

六、拆除实验线路、整理实验现场

拆除实验线路,意味着实验操作结束,这必须在判断实验数据合格后才能进行。拆除线路时,应先将各输入量回零,然后切断电源(包括仪器、仪表的电源),稍停,确认电路不带电后,先从电源端拆线。当被拆除线路中含有高压(60 V 以上)、大容量电容器时,应先进行人工放电,以免触电。

最后不要忘记整理实验现场。

第三节　常见故障的分析与排除

实验中出现各种故障是难免的，有时希望出现故障（人为设置）。通过对电路简单故障的分析、诊断和排除，可以逐步提高操作者的分析和解决问题的能力。

在实验电路中，常见的故障大多属于开路、短路或参数异常等三种类型。这些故障通常是由于接错电路、元器件损坏、配错参数、接触不良或导线内部断路等原因造成的。不论何类故障，如不及早发现并排除，都会影响实验的正常进行，甚至造成严重损失。

一、及时发现故障

从预操作起直至拆除线路为止，实验者都必须集中精力，头脑清醒。充分运用感觉器官，通过仪器仪表的显示状况、气味、声响、温度等异常反应及早发现故障。一旦发现故障或异常现象，应立即切断电源，保持现场，正确处理。禁止故障原因不明，乱采取处理措施，随意拆除或改动线路，致使故障进一步扩大，造成不必要的损失。

二、故障原因

常见故障大致有以下几个原因：

(1)实验线路连接有错误。

(2)实验者对实验的供电系统不熟悉。

(3)元器件、仪器仪表、实验装置等使用条件不符合使用要求或初始状态值给定不当。

(4)电源、实验线路、测试仪器仪表之间公共参考点连接错误或参考点位置选择不当。

(5)实验线路布局不合理，电路内部产生干扰。

(6)周围有强电设备，产生电磁干扰。

(7)连接点接触不良。

(8)连接导线损坏（虚连接或内部断线）。

三、故障检测的基本方法

故障检测的方法很多，一般是根据故障类型，确定故障部位，缩小故障范围，再在小范围内“逐点”检查，最后找出故障点并予以排除。

简单实用的检测方法，就是用万用表在通电（用电压挡）或断电（用电阻挡）状态下去检查实验线路故障。

(1)通电（电压）检测法，是用万用表电压挡（或电压表）在接通电源的情况下进行故障检测，用电压表测量电路中有关点的电位，或者两点间的电压。根据实验原理，电路中某两点应该有电压，而用万用表测不出电压，或某两点不应该有电压，而用万用表却测出了电压，那么故障必在此两点间。

(2)断电（电阻）检测法，是用万用表电阻挡（或欧姆表）在断开电源情况下进行故障检测,用欧姆表测量电路的阻值或元件及导线的通断情况。根据实验原理,电路中某两点应该导通(或电阻极小),而用万用表测出是开路(或电阻很大),或某两点应该是开路(或电阻很大),但测得的结果为短路(或电阻很小),则故障必在此两点间。

在选择检测方法时,要针对故障类型和实验线路结构情况选用。如短路故障或电路工作电压较高(200 V 以上),不宜用通电检测法。而当被测电路中含有微安表、场效应管、集成电路、大电容等元件时,不宜用断电(电阻挡)检测法。因为在这两种情况下,检测方法不当,可能会损坏仪表、元件,甚至触电。

在交流电路中,还可以用信号寻迹法,即用示波器逐级检测各点的信号波形,从中分析、判断故障的部位和原因。这种方法特别适用于检查电子线路中的故障。有时实验电路中有多种或多个故障,并且相互掩盖或影响,但只要耐心细致去分析查找,总能够检测出来。

四、故障检测的顺序

首先,应了解和故障有关部分电路的结构与特点,对电路正常情况下的电压、电流、电阻等的量值要做到心中有数。一般情况下,根据故障的现象进行分析、判断,就可能找到产生故障的原因及故障所在区域,然后可直接按故障区域逐步检测到故障部位。当故障原因和区域不易确定时,可按下列顺序进行检测:

(1)检查电路连接有无错误。

(2)检查电源供电系统。从电源进线、熔断器、开关至电路输入端子,由前向后检查各部分有无电压以及电压分布是否符合实际。

(3)检查主、副电路中元器件、仪器仪表、开关及连接导线是否完好和接触是否良好。

(4)检测仪器显示及探头,供电电源的输入、输出调节旋钮,接地点等是否完好、可靠。检测故障时一定要仔细耐心,在没有找到故障原因和排除故障点之前,绝不可以进行实验的测量。

第四节　有效数字

一、有效数字的概念

由于在测量过程中不可避免地存在着一定的误差,并且仪表的分辨能力有一定的限制,因此测量所得到的数据就不可能完全准确。在一般情况下,测量结果中的最后一位数字通常是估计出来的。例如,已测得某个电压为 19.5 V,这里的前两位数字“1”和“9”是准确可靠的,称为准确数字,最后一位数字“5”,则是估计数值,称为欠准数字,欠准数字只有一位。准确数字加上欠准数字称为有效数字。测量结果未标明测量误差时,一般认为其误差的绝对值不超过末位有效数字的单位的 1/2。

二、有效数字的表示

(1)在做测量记录时,每一个测量数据都应保留一位欠准数字,即最后一位前的各位数字都必须是准确的。例如,用一只刻度为50分度(即50个小格)、量程为0~50 V的电压表测得的电压是42.3 V,则该电压的读数是三位有效数字,前两位数字是准确的,最后一位数字是欠准数字。因为最后一位欠准数字是根据最小刻度估计出来的,也可以估计为2、4等。

(2)应特别注意数字0的情况。它既可以是有效数字,也可以不是有效数字。例如,28.76就是一个四位的有效数字,其中,最后一位的6是欠准数字,而2、8、7是准确数字。0这个比较特殊的数字,当它出现在数尾或其他非零数字中间时是有效数字,例如1 001、1 500、4.880都是四位有效数字;而当0出现在第一个非零数字之前时就不是有效数字了,例如0.001 17前面3个0都不是有效数字,它只是一个三位有效数字。5.150 A,这样的测量数据的意义在于它的千分位是欠准确的,不能随意改写为5.15 A或5.150 0 A等数字,因为这样就会改变测量精确程度的变化。还要注意的是,像0.50 V这样的数字,最后一个"0"也是有效数字,因为它反映了测量结果的误差程度。即表明包含的误差绝对值应不大于0.005 V,所以不能随意省去。若将6.50 V改写成6.5 V,则后者包含的误差绝对值应不大于0.05 V,这样就使测量误差人为地扩大了10倍!

(3)对于像678 000 Ω这样的数字,若实际上在百位数上就包含误差(即百位数是一个欠准数字),则它实际上只有四位有效数字,这时百位数上的0是有效数字不能省去,但十位和个位数上的"0",虽然不是有效数字,可是它们都要用来表示数字的位数,也不能随意省去。为了区别上述数字中后面的3个0,通常用有效数字乘上10的方幂的形式。例如,把678 000 Ω写成6.780×10^5 Ω,就很清楚地表明有效数字的位数只有四位,包含的误差绝对值不大于50 Ω。由这个例子还可以看出,不是数字的位数保留得越多越好,而是要按照有效数字的位数保留数字,这个处理数字的过程常称为修约。

(4)表示常数的数字,可以认为它的有效数字的位数是无限多的。例如,圆的直径$D=2R$(R为半径),其中2为常数,它的有效数字为无限位,D的有效数字的位数仅由R的有效数字的位数来确定。

三、有效数字的运算规则

(一)加减法

几个数据相加减时,最后计算结果的有效数字位数的保留应以小数点后位数最少的数据为根据。例如

$$0.12+0.035\,4+42.716=42.871\,4\approx42.87$$

(二)乘除法

几个数据相乘或相除时,它们的积或商的有效数字位数的保留必须以各数据中有效数字位数最少的数据为准。例如

$$1.54\times31.76=48.910\,4\approx48.9$$

(三)乘方和开方

对数据进行乘方或开方时,所得结果的有效数字位数保留应与原数据相同。例如

$$6.72^2=45.158\,4\approx45.2\text{(保留3位有效数字)}$$

$$\sqrt{9.65}=3.106\,444\,913\approx3.11\text{(保留3位有效数字)}$$

(四)对数运算

取对数运算前后的数据的有效数字位数应相等。例如

$$\lg 2.89 = 0.461,\quad \ln 203 = 5.31$$

四、有效数字的修约规则

当有效数字位数确定以后,多余的位数应一律进行修约(舍入)处理,其规则是:

(1)所要舍去的数字中最左面的第一个数字小于5,则舍去;若大于5,则进1。例如,$\pi = 3.141\ 592\ 6\cdots$取三位有效数字为3.14,取五位时为3.141 6。

(2)所要舍去的数字中最左面的第一个数字等于5,而5之后的数不全为0,则进1。例如,把3.275 01修约到小数点后二位,结果为3.28。

(3)所要舍去的数字中最左面的第一个数字为5,而5之后的数字全为0,则当所保留的数字的末位数为奇数时,末位数加1,否则末位数不变。例如,要把3.250和6.750修约到只留一位小数,结果分别为3.2和6.8。

第五节　实验报告的内容与要求

实验报告是进行实验的全过程的总结。它既是完成电工测量实验教学的关键环节,也是今后撰写其他工程实验报告的基本功训练和参考资料。

一、实验报告的内容

实验报告应包括以下内容:

(1)实验目的。实验目的的阐述要条理清楚,简明扼要。

(2)实验所用的仪器仪表和元器件。实验所用的设备和仪器仪表清单包括名称、型号、规格、数量、准确度或精度。实验中还要记下它们的编号。

(3)实验原理。简要说明实验原理,重点是实验所采用的电路一定要画清楚。

(4)实验步骤。根据实验的具体任务与要求,拟定主要步骤,重点是实验过程中每一步所采用的电路图都要分别画清楚。

(5)实验数据记录。要十分注意实验数据记录表格的设计。在实验预操作中,应对事先设计的表格做修补。例如,在极值附近,应多加一些测量点,使测量点更加密集,尽可能测出真正的极值。为减小误差,一般情况下,一种测量至少应重复做三次。

(6)实验数据计算和误差分析。要遵照有效数字计算规则和误差计算方法进行实验数据的处理、计算和误差分析。

(7)实验结论。

(8)实验建议与思考。实验的建议可以通过实验中发生和发现的问题提出来。

二、实验报告的要求

实验报告中的第1至第4项,应在预习时完成,实验中要补充完善第5项,即实验数据记录。其余各项应在实验中基本形成,在实验结束后整理完善。书写实验报告时要求

文字简洁、工整；进行数字处理时要求按有效数字计算的规则进行；要对测量结果做出实事求是的误差分析；绘制图表和曲线时要清晰、规范，要求用坐标纸画图；实验结论要有科学根据和理论分析；回答问题时要尽可能准确。

习 题

3-1 求出下列数字修约为四位数字的结果：

(1)e = 2.718 28。

(2)5.718 1。

(3)8.119 8。

3-2 在电流测量过程中，用电流表测得的两个电流值分别为 10.2 A 和 4.2 A，求这两个电流之差。

3-3 怎样来确定测量方案？

3-4 实验的操作过程包括哪些步骤？如何检测测量的故障？

3-5 将 33 345.85、8 478.0、117.4、4 050、550 等各数化整为百位数的有效数字。

3-6 以下数值是用有效位数为两位的仪表测量得到的，其中哪些值的写法是正确的？并将写错的值改正。

52 000 Ω； 4.5 mA； 0.07 kV； 0.009 A； 43.5 V； 0.033 7 W。

3-7 计算 $12.34 \times 2.45 + 48.5 + 1.24 = ?$ $\ln 8 = ?$

第四章　实　验

实验一　直流电路的认识实验

一、实验目的与要求

(1)熟悉实验室电源配置等概况。
(2)练习使用晶体管直流稳压电源。
(3)练习使用直流电流表和直流电压表。
(4)练习使用万用表的直流电流挡和直流电压挡。
(5)通过电位的测量,进一步明确电位、电压的概念及两者间的关系。

二、仪器及设备

(1)APS3003S－3D 型晶体管直流稳压电源	1 台
(2)1.5 V 干电池	1 节
(3)C43 型直流电压表(0～7.5 V)	1 只
(4)C43 型直流毫安表(0～100 mA)	1 只
(5)DT－99228B 型万用表	1 只
(6)绕线电阻或碳膜电阻(15 Ω,15 W)	2 只
(7)单刀开关	1 只

三、实验材料

导线若干。

四、实验内容及方法

(一)练习使用晶体管直流稳压电源

(1)熟悉稳压电源面板上各开关、旋钮的位置,了解其使用方法。

(2)将万用表的有关转换开关置于测直流电压的适当挡位上,红色测试棒的插头插入万用表“＋”插孔,黑色测试棒的插头插入“－”插孔或标有“＊”号的公共插孔。

(3)将直流稳压电源的电源插头插入市电 220 V 插座,合上电源开关。接通工作电源后,面板上的指示灯应亮。

(4)由小到大分别将稳压电源输出电压的“粗调旋钮”转至各挡位,然后再将输出电压的“细调旋钮”从最小位置顺时针转至最大位置。用装好测试棒的万用表直流电压挡测量直流稳压电源的输出电压。当“粗调旋钮”置于不同挡位时,输出电压的调整范围是不同的。万用表直流电压挡指示值记入表 4-1 中。

表 4-1　万用表直流电压挡指示值

“粗调旋钮”挡位					
输出电压调整范围					

(二)直流无分支电路电流、电压和电位的测量

(1)直流电压表接上测试棒后选择合适的量限,测量一节干电池的开路电压 U_{S2},所得测量结果记入表 4-2 中。

表 4-2　实验数据(一)

参考点	测量数据							计算值		
	项目	φ_A	φ_B	φ_C	U_{S1}	U_{S2}	I	U_{AB}	U_{BC}	U_{CA}
A	仪表量限									
	仪表指示值									
B	仪表量限									
	仪表指示值									

(2)使用直流电压表,调稳压电源的输出电压 U_{S1} 为 3.00 V。

(3)按图 4-1 所示原理电路,将直流稳压电源、干电池和两只(15 Ω、15 W)的绕线电阻接成无分支电路。

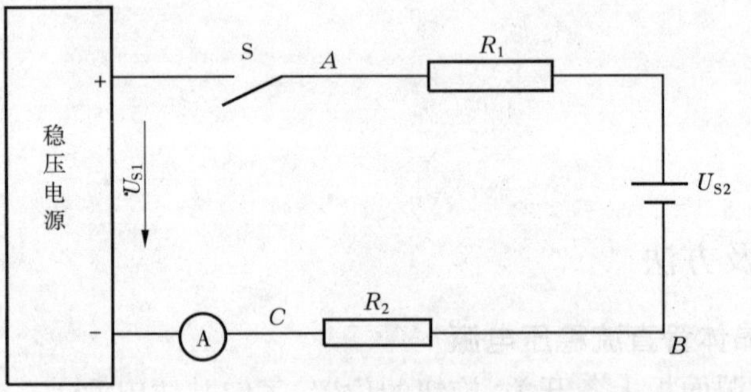

图 4-1　直流无分支电路图

(4)接好实验线路,经自查和互查后合上开关 S。

(5)分别以 A、B 两点为参考点,测量 A、B、C 三点的电位。将所测电位数值及 U_{S1}、I 的数值记入表 4-2 中,并将根据电压和电位的关系计算的 U_{AB}、U_{BC}、U_{CA} 值填入表 4-2 中。

(6)断开开关 S,将万用表的转换开关置于图 4-1 测量电路电流 I 的合适挡位,由开关的两端将万用表直流电流挡串入电路,将此时万用表和毫安表的指示值及有关数据记入表 4-3 中。

表 4-3　实验数据(二)

仪表名称	仪表量限	仪表准确度	仪表指示值
毫安表			
万用表直流电流挡			

(7)完成实验所有要求测量的项目后,应先自查表 4-2 中的实验数据是否完整和合理。在实验误差范围内,U_{AB}、U_{BC}、U_{CA}的计算值应与参考点的选择无关,U_{CA}与测量所得的U_{S1}相等,U_{BC}约等于IR_2,电流I的实际方向和参考方向一致。所以,$\varphi_A>\varphi_B>\varphi_C$。当以$A$点为参考点时,$\varphi_B$和$\varphi_C$为负值;而当以$B$点为参考点时,$\varphi_A$为正,$\varphi_C$为负……这些,都可用来判断数据是否合理。

(8)请指导教师审查数据的原始记录,待通过后再拆线。万用表使用完毕后,应将转换开关置于交流电压的最高挡或空挡上,以避免下次使用时误用电流挡去测电压而损坏仪表。晶体管稳压电源用过后,将其输出电压的"粗调旋钮"和"细调旋钮"置于输出电压最小的位置。将仪器设备送回原处并排放整齐。

五、思考题

图 4-1 所示实验线路中,$U_{S1}=3.00\ V$,$U_{S2}=1.47\ V$。开关 S 合上后,毫安表无指示,用电压表测得U_{BC}约为 1.50 V,U_{AB}约为 1.47 V,经检查毫安表没有毛病,试分析故障原因。

六、作业

写实验报告。实验报告要求有以下几点:

(1)为了从晶体管直流稳压电源得到某一定值的输出电压,该如何操作?试归纳其调节程序。

(2)总结如何用单向偏转的直流电压表去测量直流电路中某点的未知电位。

(3)用实验数据说明电位的具体数值与电位参考点的选择有关,用计算数据说明两点间的电压与参考点的选择无关。

(4)分析表 4-3 中两只仪表指示值不同的主要原因。哪只仪表的指示值准确一些?为什么?

实验二　电阻和电源伏安特性的测定

一、实验目的与要求

(1)学习使用滑线电阻。

(2)进一步熟悉直流稳压电源的正确使用方法。

(3)学习根据实验具体情况,自行选择电流表、电压表的量限。

(4)获得线性电阻、非线性电阻及电源伏安特性的感性认识。

(5)学习绘制实验曲线。

二、仪器及设备

(1)APS3003S－3D 型晶体管直流稳压电源 1 台

(2)J2354－2 型滑线电阻(0～200 Ω) 1 只

(3)小电珠(1.5 V,7.5 Ω) 1 只

(4)线性电阻(15 Ω,15 W) 1 只

(5)C34 型直流毫安表(100 mA/200 mA,0.5 级) 1 只

(6)C34 型直流电压表(1.5 V/3.0 V/7.5 V,0.5 级) 1 只

(7)DT－99228B 型万用表 1 只

(8)单刀开关 1 只

三、实验材料

导线若干。

四、实验内容及方法

(一)认识滑线电阻

(1)仔细观察滑线电阻电阻丝的绕法,区分其固定端钮与滑动触头的引出端钮。

(2)从铭牌上查找滑线电阻的额定值。

(3)用万用表的欧姆挡测量滑线电阻固定端钮间的电阻。之后,将万用表欧姆挡的一支测试棒接至滑线电阻的任一固定端钮,另一支测试棒接至滑动触头的引出端钮,改变滑动触头的位置,观察仪表指示值的变化。

使用万用表欧姆挡时要注意:

(1)有关的转换开关要置于测电阻的适当挡位上。

(2)测电阻之前,先将万用表两根测试棒短接,调整面板上的零欧姆调整器,使指针指向零欧姆处,然后才能测量未知电阻。每次更换量限,都要重新进行零欧姆调整。

(3)选量限时,应努力使仪表指示接近欧姆表标尺的中间位置,即欧姆中心值。

(4)要按欧姆刻度读数。如果仪表的指针正指向“8”处,量限为“×10 Ω”,则被测电阻为 80 Ω,其余类推。实验数据记入表 4-4 中。

表 4-4　实验数据(一)

万用表欧姆挡量限	滑线电阻两固定端钮间的电阻	
	标称值	万用表欧姆挡指示值

(二)电阻伏安特性的测定

(1)按图 4-2 所示原理电路接线。在图 4-2 中,用滑线电阻接成分压器电路,线性电阻作为被测电阻 R_L。未实验前,滑线电阻的滑动触头应放置在输出电压为最小的位置。

调稳压电源的输出电压 U_S 为 4. 5 V，合上开关 S，改变滑线电阻滑动触头的位置，使通过被测电阻 R_L 的电流分别为 40 mA、80 mA、120 mA、160 mA、200 mA，将仪表指示值记入表 4-5 中。

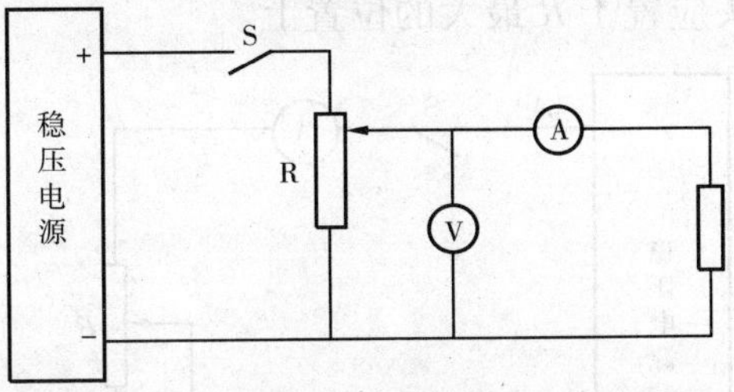

图 4-2　电阻伏安特性测定的原理电路

表 4-5　实验数据(二)

测量数据	I(mA)	仪表量限				
		仪表指示值				
	U(V)	仪表量限				
		仪表指示值				
计算值 $\frac{U}{I}$(Ω)						

计算表 4-5 中各种情况下的 $\frac{U}{I}$ 值。电流小于额定值时的绕线电阻，其伏安特性十分接近于线性电阻，因此，各 $\frac{U}{I}$ 的计算值应十分接近。自查表 4-5 中的所有数据是否完整、合理后，要进行下一个项目的实验。

(2)将图 4-2 中的 R_L 改换为小电珠。仍调节稳压电源的输出电压 U_S 为 4. 5 V，合上开关 S。改变滑线电阻滑动触头的位置，使指示电压表指示值分别为 0. 20、0. 40、0. 60、0. 80、1. 0 倍小电珠的额定电压。将各仪表指示值记入表 4-6 中。

表 4-6　实验数据(三)

测量数据	I(mA)	仪表量限				
		仪表指示值				
	U(V)	仪表量限				
		仪表指示值				
计算值 $\frac{U}{I}$(Ω)						

计算表 4-6 中各种情况下的 $\frac{U}{I}$ 值。小电珠的端电压由零升到额定值的过程中，电流也逐渐增大。小电珠的实际功率增大的结果有，钨丝由常温逐渐变为白炽状态，小电珠的钨丝电阻随电流(电压)的增大布置较为明显增大。根据刚才讨论的趋势，检查表 4-6 中

的实验数据是否合理。

(三)电源伏安特性的测定

(1)按图4-3所示原理电路接线。图中的 R_0 用绕线电阻,可变电阻 R 用滑线电阻。实验前滑线电阻的滑动触头应置于 R 最大的位置上。

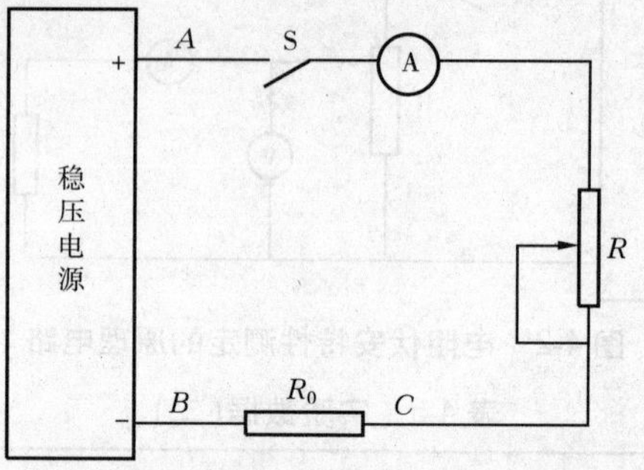

图4-3 电源伏安特性测定的原理电路

(2)调直流稳压电源的输出电压 U_S 为5.00 V,未合上开关时,测 U_{AB}、U_{AC}。然后合上开关,调整滑线电阻的滑动触头的位置,使毫安表指示值分别为40 mA、80 mA、120 mA、160 mA、200 mA,并测量各种情况下的 U_{AB}、U_{AC}。将实验数据记入表4-7中。

表4-7 实验数据(四)

I(mA)	仪表量限					
	仪表指示值					
U_{AB}(V)	仪表量限					
	仪表指示值					
U_{AC}(V)	仪表量限					
	仪表指示值					

五、思考题

因为晶体管直流稳压电源本身就可提供连续可调的实验电压,所以测电阻伏安特性可不应用分压器电路。试画出直接利用稳压电源输出电压进行该项目实验的原理电路,并规划其实验步骤。

六、作业

写实验报告。

实验报告要求:

根据测量数据,在坐标纸上按比例绘出绕线电阻和小电珠的伏安特性曲线,并说明线性电阻的伏安特性曲线的特点,以及哪个电阻器的伏安特性十分接近于线性电阻的伏安特性。

实验三 验证 KCL 和 KVL

一、实验目的与要求

(1)学习使用转臂式电阻箱。

(2)学习粗略估算测量结果的误差。

(3)学习应用 KCL、KVL 以及欧姆定律定性校核实验数据是否合理,加深对电路基本定律的认识。

二、仪器及设备

(1)APS3003S-3D 型晶体管直流稳压电源 1台

(2)C34 型直流毫安表(100 mA/200 mA,0.5 级) 1只

(3)C34 型直流电压表(1.5 V/3.0 V/7.5 V,0.5 级) 1只

(4)干电池(1.5 V) 3节

(5)绕线电阻(15 Ω,15 W) 2只

(6)绕线电阻(100 Ω,15 W) 1只

(7)J2362 型转臂式电阻箱(0~9 999.9 Ω,0.2 级) 1只

(8)DT-99228B 型万用表 1只

(9)开关 1只

三、实验材料

导线若干。

四、实验内容及方法

(1)先将两节干电池顺向串联,测其开路电压 U_{S2} 并记入表 4-8 中。

表 4-8 实验数据(一)

被测物理量			U_{S1}	U_{S2}	I_1	I_2	I	U_{AB}	U_{BC}	U_{AC}
顺序	1	仪表量限								
		仪表指示值								
	2	仪表量限								
		仪表指示值								
	3	仪表量限								
		仪表指示值								

(2)按图 4-4 所示原理电路接线。其中，开关 S 预置在断开状态，由直流稳压电源和绕线电阻串联组成 U_{S1} 和 R_{01} 所在支路，由两节干电池和另一只绕线电阻组成 U_{S2} 和 R_{02} 所在支路。为了便于检查，各支路宜选用不同颜色的连接导线。

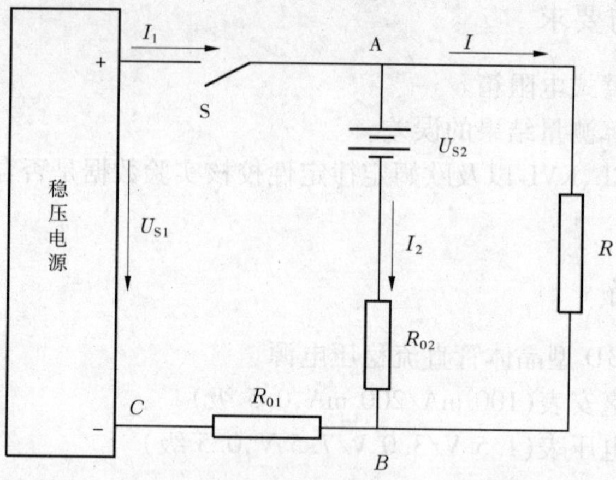

图 4-4

(3)预先调节直流稳压电源的输出电压 $U_{S1}=U_{S2}$。然后合上开关 S，测 I_1、I_2 和 I，用电压表测 U_{AB}、U_{AC} 和 U_{BC}。以上测量数据连同微安表指示值一并记入表 4-8 的“顺序 1”一栏中。

(4)逐步增大稳压电源的输出电压，使 $I_2=0$。测量这种情形下的 I_1、I 以及电压 U_{AB}、U_{BC}、U_{AC}，并将实验数据记入表 4-8 的“顺序 2”一栏中。

(5)继续增大稳压电源的输出电压至 5.00 V，测量 I_1、I_2、I 及电压 U_{AB}、U_{BC}、U_{AC}，将测量数据记入表 4-8 的“顺序 3”一栏中。

(6)自查表 4-8 的所有实验数据是否完整、合理。在实验允许的误差范围内，I_1+I_2 应与 I 一致，$U_{AB}+U_{BC}$ 应与 U_{AC} 一致，U_{AB} 应与 IR 一致。

五、思考题

图 4-4 所示实验电路中，$R_{01}=R_{02}=15\ \Omega$，$R=100\ \Omega$。某同学记录了一组实验数据如表 4-9 所示，其中有一个数据是完全没有意义的坏值，你能判断是哪一个吗？为什么作出这样的判断？

表 4-9 实验数据(二)

U_{S1}	U_{S2}	I_1	I_2	I	U_{AB}	U_{AC}	U_{CB}
6.6	3.05	140	−85.0	−44.5	4.5	6.6	−2.12

六、作业

写实验报告。

实验报告要求：

以任何一组实验数据为例，分析 I_1、I_2、I 的直接测量结果的误差及 I_1+I_2 间接测量结果的误差，以便说明在实验误差范围内 $I_1+I_2=I$。分析时，仪表的附加误差和测量方法误差略去不计。

实验四　电阻的测量

一、实验目的与要求

(1)练习使用直流单、双臂电桥和兆欧表。
(2)进一步熟悉万用表欧姆挡的使用。
(3)巩固对欧姆表及直流单、双臂电桥工作原理的认识。

二、仪器及设备

(1)QJ23 型直流单臂电桥　1 只
(2)QJ26－1 型直流双臂电桥　1 只
(3)DT－99228B 型万用表　1 只
(4)兆欧表　1 只
(5)JB－1A 型单相变压器　1 台
(6)整流二极管　1 只
(7)被测绕线电阻或碳膜电阻　3 只
(8)待测电阻的长导线　1 根
(9)外附分流器　1 只
(10)C34 型直流电压表(1.5 V/3.0 V/7.5 V,0.5 级)　1 只

三、实验材料

导线若干。

四、实验内容及方法

(一)用欧姆表测电阻

将万用表置欧姆挡，注意选择合适的量限(万用表欧姆挡的量限俗称“倍率”)测量三只绕线电阻或碳膜电阻、变压器高压侧线圈的电阻、二极管正反向电阻的阻值。将实验数据记入表 4-10 中。

表 4-10　实验数据(一)

被测电阻	绕线电阻或碳膜电阻			变压器高压侧线圈的电阻	二极管	
	R_1	R_2	R_3		正向电阻	反向电阻
欧姆挡量限						
测量结果						

二极管是非线性电阻元件,且正、反向电阻相差很大。当万用表的黑色测试棒接二极管的正极而红色测试棒接二极管负极时,欧姆表指示二极管的正向电阻;而两根测试棒对调后,欧姆表指示二极管的反向电阻。二极管反向电阻远大于其正向电阻。

(二)使用直流单臂电桥测电阻

仔细阅读电桥使用说明后,使用直流单臂电桥测量表4-11中各电阻以及变压器高压侧线圈的电阻值。

表4-11　实验数据(二)

被测电阻	绕线电阻或碳膜电阻			变压器高压侧线圈的电阻
	R_1	R_2	R_3	
比率臂比率				
比较臂计数				
测量结果				

(三)用兆欧表测变压器绝缘电阻

(1)在兆欧表铭牌上找到它的额定电压。因为被测设备额定电压在500 V以下,一般应采用额定电压为500 V的兆欧表进行测量。

(2)在"E"端钮和"L"端钮之间开路和短时间短路的情况下,投入兆欧表的工作电源或摇动手摇式发电机,看仪表指针是否分别指向"∞"及"0"。

(3)用兆欧表测量变压器高压线圈对低压线圈的绝缘电阻,以及高压线圈和低压线圈分别对机壳(或铁芯)的绝缘电阻,并将测量结果记入表4-12中。

表4-12　实验数据(三)

被测绝缘电阻	高压线圈对低压线圈	高压线圈对机壳	低压线圈对机壳
测量结果			

(四)用直流双臂电桥测小电阻

认真阅读直流双臂电桥使用说明书后,用直流双臂电桥测出一根连接导线的电阻(其数量级为 10^{-2} Ω),将测量结果记入表4-13中。

表4-13　实验数据(四)

被测绝缘电阻	电桥比率臂比率	电桥比较臂读数	测量结果
连接导线的电阻			

五、思考题

视单臂电桥所测变压器线圈的电阻值为实际值，计算万用表欧姆挡测量所得结果的相对误差。

六、作业

写实验报告。

实验报告要求有以下两点：

(1)总结出万用表欧姆挡测一未知电阻的操作程序。

(2)归纳兆欧表的使用注意事项。

实验五　伏安法测电阻

一、实验目的与要求

(1)初步学习应用伏安法测电阻。

(2)进一步熟悉万用表欧姆挡、直流单臂电桥的使用。

(3)得到电流表内阻不为零、电压表内阻不为无穷大的感性认识。

(4)了解仪表内阻给测量带来的影响。

二、仪器及设备

(1)C43 型直流毫安表(100 mA/200 mA,0.5 级)　1 只

(2)C43 型直流电压表(1.5 V/3.0 V/7.5 V,0.5 级)　1 只

(3)APS3003S－3D 型直流稳压电源　1 台

(4)QJ23 型直流单臂电桥　1 台

(5)FMB2－01 型转臂式电阻箱(0～9 999.9 Ω,0.5 级)　1 只

(6)单刀双掷开关　1 只

(7)DT－99228B 型万用表　1 只

(8)被测绕线电阻或碳膜电阻　2 只

三、实验材料

导线若干。

四、实验内容及方法

(一)测量直流电压表内阻

用万用表欧姆挡和直流单臂电桥测量电压表各个量限时的内阻值，实验数据记入表 4-14中。

表 4-14　实验数据(一)

电压表量限		1.5 V	3.0 V	7.5 V
用万用表欧姆挡测量时	量限			
	测量结果			
用直流单臂电桥测量时	比率臂比率			
	比较臂读数			
	测量结果			

(二)用直流单臂电桥测毫安表各量限时的内阻

测量时为避免通过毫安表的电流超过量限,可以先将毫安表串上一个较大阻值的电阻箱进行试测,然后根据情况逐渐减小与毫安表所串的电阻。在不使毫安表超过量限的前提下,所串电阻越小越好。这样,被测仪表的内阻就等于电桥测量结果减去电阻箱电阻值。采用这种办法测量,最终结果的有效数字有可能比电桥测量结果所得的有效数字少。将用电桥测量毫安表内阻的实验数据记入表 4-15 中。

表 4-15　实验数据(二)

毫安表量限	50 mA	100 mA	200 mA
电桥平衡时毫安表所串电阻			
电桥比率臂比率			
电桥平衡时比较臂读数			
电桥测量结果			
毫安表内阻			

(三)用伏安法测电阻 R_x

(1)按图 4-5 所示原理电路接线,其中 R_x 为被测电阻。

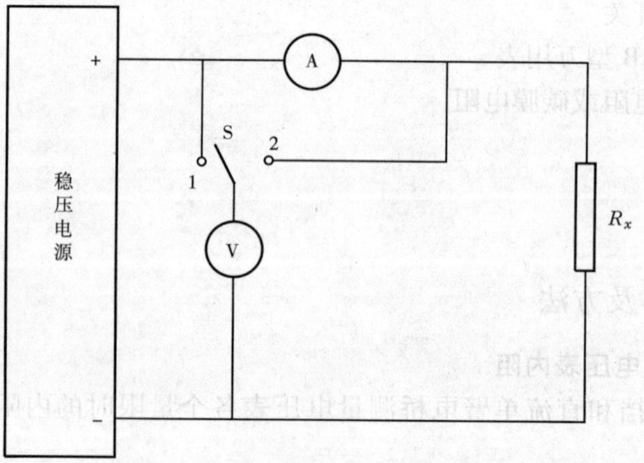

图 4-5

(2)将直流稳压电源的电压由零开始逐步调高,使毫安表指示值超过其一半量限。

(3)将单刀双掷开关 S 置于“1”位置,将电压表和电流表指示值记入表 4-16 中。

(4)将单刀双掷开关 S 改换到“2”位置,将电压表和电流表指示值记入表 4-16 中。

表 4-16　实验数据(三)

<table>
<tr><td colspan="3">被测电阻</td><td colspan="2">R_1</td><td colspan="2">R_2</td></tr>
<tr><td rowspan="6">测量数据</td><td rowspan="3">电压表</td><td>指示值</td><td></td><td></td><td></td><td></td></tr>
<tr><td>量限</td><td></td><td></td><td></td><td></td></tr>
<tr><td>准确度</td><td></td><td></td><td></td><td></td></tr>
<tr><td rowspan="3">电流表</td><td>指示值</td><td></td><td></td><td></td><td></td></tr>
<tr><td>量限</td><td></td><td></td><td></td><td></td></tr>
<tr><td>准确度</td><td></td><td></td><td></td><td></td></tr>
<tr><td rowspan="5">计算分析</td><td colspan="2">$R'_x=\frac{U}{I}(\Omega)$</td><td></td><td></td><td></td><td></td></tr>
<tr><td colspan="2">$\gamma_U(\%)$</td><td></td><td></td><td></td><td></td></tr>
<tr><td colspan="2">$\gamma_I(\%)$</td><td></td><td></td><td></td><td></td></tr>
<tr><td colspan="2">$\gamma_{R'_x}(\%)$</td><td></td><td></td><td></td><td></td></tr>
<tr><td colspan="2">测量方法误差
$\gamma_W(\%)$</td><td></td><td></td><td></td><td></td></tr>
</table>

注:γ_U 为被测电压的相对误差;γ_I 为被测电流的相对误差;$\gamma_{R'_x}$为被测电阻的相对误差。

(5)更换被测电阻,重复以上实验步骤。

五、思考题

思考用万用表欧姆挡测量电压表内阻时,应如何接线才能保证电压表的指针正偏转?

六、作业

写实验报告。

实验报告要求有以下几点:

(1)分析伏安法测量电阻时的各项误差,并填入表 4-16 中。分析时,仪表的附加误差忽略不计。在实验报告中,有关的误差只要求列举一个分析计算示例。

(2)总结伏安法测量电阻的优缺点及注意事项。

(3)归纳直流单臂电桥的使用方法。

实验六　自拟实验方案验证戴维南定理

一、实验目的与要求

(1)学习独立拟定实验方案,合理设计实验线路,正确选用仪表设备并完成实验任务。

(2)初步掌握线性有源二端网络参数的测定方法。

(3)加深对戴维南定理的理解。

二、仪器及设备

(1)APS3003S-3D 型晶体管直流稳压电源	1 台
(2)C43 型直流毫安表(100 mA/200 mA,0.5 级)	1 只
(3)C43 型直流电压表(1.5 V/3.0 V/7.5 V,0.5 级)	1 只
(4)绕线电阻(15 Ω,15 W)	3 只
(5)FMB2-01 型电阻箱(0~9 999.9 Ω)	2 只
(6)1.5 V 干电池	3 节
(7)QJ23 型直流单臂电桥	1 台
(8)DT-99228B 型万用表	1 只
(9)J2354-2 型滑线电阻(0~200 Ω)	1 只
(10)开关	1 只

三、实验材料

导线若干。

四、实验内容及方法

在认真复习理解戴维南定理、归纳线性有源二端网络参数的测定方法之后,选用合适的仪器设备,通过一个具体的实验验证戴维南定理。

由于此次需自行设计实验方案,特作以下提示:

(1)实验中的线性有源二端网络要实验者自己设计,并利用所提供的实验仪器设备组成。由于所用电阻器标称阻值误差较大等原因,它的参数 U_{0C} 和 R_0 仍应通过实验去测定。实验者要自行确定测量有源二端网络参数的方案。

(2)实验时要测出线性有源二端网络在其工作范围内的伏安特性曲线。另外,用端电压等于所测有源二端网络开路电压 U_{0C} 的直流稳压电源,串联阻值等于所测有源二端网络等效内阻 R_0 的电阻箱,组成戴维南等效电路。测量戴维南等效电路在相同范围内的伏安特性曲线。如果两个伏安特性曲线在实验误差范围内是一致的,则实验验证了戴维南定理。

此外,也可以在线性有源二端网络和它的戴维南等效电路分别接上同一任意的电阻负载,若负载电流在实验误差范围内一致,则该实验验证了戴维南定理。

(3)在自行设计实验方案的过程中,常常要运用电路分析计算方法,事先估算自己设计的各实验电路在各种实验条件下的各支路电流有多大,是否超过仪器设备的额定值,并为选择仪表量限提供依据。

(4)复习有关仪器设备的使用方法。

(5)由于是验证性的实验,应尽量减小实验误差。除选择准确度尽可能高的仪表外,设计实验电路时应注意合理选择其结构和电路参数,力求待测的电压、电流超过所选仪表的一半量限。

(6)这次自拟实验方案并独立完成实验，是直流电路部分一次综合运用实验技能和有关理论知识的训练。学生可适当选读电路理论、电工测量和电工实验等方面的参考书，开阔视野，扩大知识面，力求圆满地完成实验任务。

五、思考题

什么是戴维南定理？

六、作业

写实验报告。

实验报告要求：自行设计的实验方案要写成书面形式，并至少包括以下几个方面。

(1)实验目的。

(2)所选用的仪器设备的型号、规格和数量。应从现有实验室的设备条件出发，去选用有关的仪器、仪表及元器件，数量也要考虑到实验室的提供能力。

(3)实验原理的简要说明。

(4)实验电路图。

(5)实验步骤或实验内容。实验步骤或实验内容应详尽。实验原理电路中的元件实验时选用什么仪器设备或元器件，参数选多少；实验电源电压若是可调的，调整为多少；仪表的量限确定为多少，何时要改换量限；操作依什么程序，先测什么，后测什么，等等，都应交代清楚。

(6)实验数据表格。

(7)注意事项。

以上七项应在实验前完成，并经过教师批阅。实验后还要求分析实验所测线性有源二端网络两个参数的误差(仪表的附加误差和测量方法误差可暂时不加考虑)，并作出实验结论。

实验七　电流表和电压表的扩大量限

一、实验目的与要求

(1)粗略模拟电流表和电压表的校验。

(2)学习测量微安表内阻。

(3)加深对磁电系电流表和电压表扩大量限的认识。

二、仪器及设备

(1)C21 - μA 型微安表　　1 只

(2)QJ23 型直流单臂电桥　　1 台

(3)FMB2 - 01 型转臂式电阻箱(0 ~ 9 999.9 Ω，0.2 级)　　1 只

(4)J2354 - 2 型滑线电阻(0 ~ 200 Ω，1.5 A)　　1 只

(5) C43 型直流毫安表(100 mA/200 mA,0.5 级)　1 只

(6) C43 型直流电压表(1.5 V/3.0 V/7.5 V,0.5 级)　1 只

(7) 1.5 V 干电池　2 节

(8) 单刀单掷开关　1 只

(9) 单刀双掷开关　1 只

三、实验材料

导线若干。

四、实验内容及方法

(一) 测量微安表的内阻 R_g

选择实验原理说明中所讨论的任何一种测量微安表头内阻的方法,实际测量实验所用到的微安表头的内阻。有条件时,还可以多用几种方法测量微安表内阻,并分析比较几种方法所得结果中哪个误差较小。

本项实验的数据表格由读者自己设计。

(二) 并联分流电阻扩大电流表的量限

(1) 计算出将微安表头量限扩大到标准毫安表量限的量限扩大倍数 n,以及所需分流电阻 $R_S = \dfrac{R_g}{n-1}$。

(2) 选取电阻箱电阻值等于计算出的 R_S 值,然后与微安表头并联,构成扩大量限的电流表(下一步骤所述的被校电流表)。

(3) 按图 4-6 所示原理电路接线。其中 U_S 为直流稳压电源,用滑线电阻组成分压器电路,毫安表为标准表。然后按原理说明中提到的校验要求,用比较法校验被校电流表。

按规程规定,标准电流表的准确度应在 0.2 级以上,对仪表正常工作条件等也有规定。限于电工实验室的条件,可暂且在现有条件下,利用准确度尽可能高的仪表模拟标准表。实验数据记录在表 4-17 中。在校验仪表时,各仪表的指示值应估读两位欠准数字,经计算整理后的数据仍然只取一位欠准数字。

表 4-17　实验数据(一)

$R_g=$　　　Ω					$n=$			$R_S=\dfrac{R_g}{n-1}=$　　　Ω		
测量数据	被校表指示值 $I_x=nI_g$									
	上升时标准表指示值 I'_0									
	下降时标准表指示值 I''_0									
计算值	$I_0=\dfrac{I'_0+I''_0}{2}$									
	绝对误差 Δ									

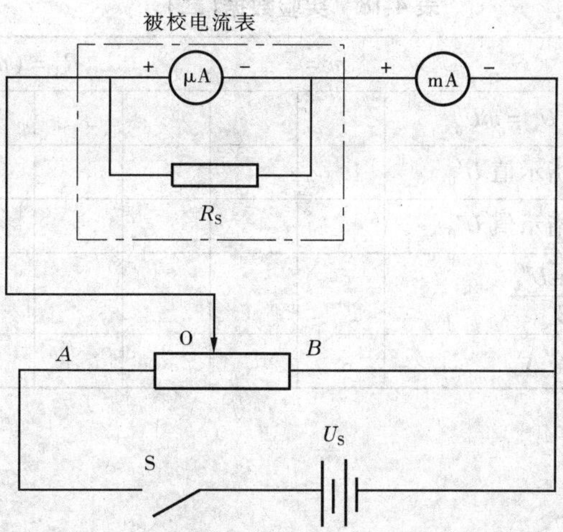

图 4-6　并联分流电阻扩大电流表量限的原理电路

（三）串联分压电阻扩大电压表量限

(1)计算微安表头的满偏电压 U_{gm}，等于满偏电流 I_{gm} 乘以表头内阻 R_g，则该微安表头本身就是量限为 U_{gm} 的电压表。

(2)计算将量限为 U_{gm} 的表头扩大到标准电压表量限（或接近标准电压表量限）的量限扩大倍数 m，以及所需的分压电阻 $R_d=(m-1)R_g$。

(3)选取电阻箱电阻等于 R_d，然后与表头 R_g 串联组成扩大量限后的电压表（步骤 5 所述的被校表）。

(4)按图 4-7 所示原理电路接线，其中电压表为标准电压表，电源和分压器的组成仍和图 4-6 所示一样。

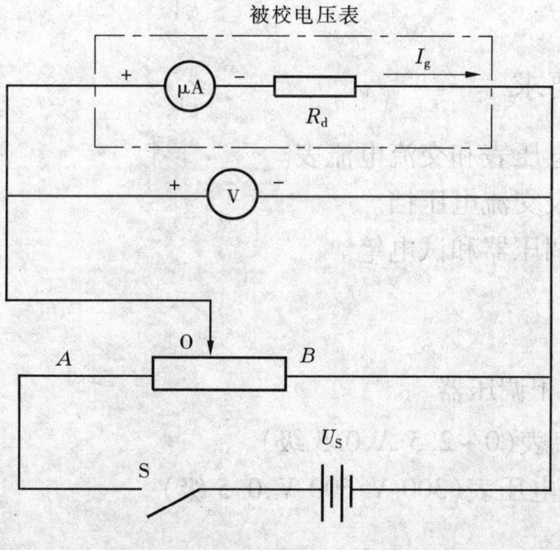

图 4-7　串联分压电阻扩大电压表量限的原理电路

(5)用比较法校验被校表，将实验数据记入表 4-18 中。

表 4-18　实验数据(二)

$R_d=$　　　Ω				$m=$			$R_d=(m-1)R_r=$　　　Ω		
测量数据	被校表指示值 $U_x=mU_g$								
	上升时标准表指示值 U'_0								
	下降时标准表指示值 U''_0								
计算值	$U_0=\dfrac{U'_0+U''_0}{2}$								
	绝对误差 Δ								

五、思考题

校验仪表之前,滑线电阻的滑动触头“O”的位置为什么应预置在分压器输出电压最小处?

六、作业

写实验报告。

实验报告要求有以下两点:

(1)完成数据表格的计算,然后确定被校表的准确度(暂且将实验室工作条件看做规定的正常工作条件)。

(2)总结测量电压表、电流表内阻的方法。

实验八　正弦电路认识实验

一、实验目的与要求

(1)学习使用交流电压表和交流电流表。

(2)学习使用万用表交流电压挡。

(3)学习使用单相调压器和试电笔。

二、仪器及设备

(1)$TSGC_2-1$ 型单相调压器　　1 台

(2)T21 型交流电流表(0 ~2.5 A,0.5 级)　　1 只

(3)T21 - V 型交流电压表(300 V/600 V,0.5 级)　　1 只

(4)灯箱　　1 个

(5)DT - 992288B 型万用表　　1 只

(6)可变电容箱 FMBe(0 ~22 μF)　　1 个

(7)试电笔　　1 支

(8)空心线圈 1个

三、实验材料

导线若干。

四、实验内容及方法

(一)了解实验室工频电源的配置

(1)在认真听取指导教师介绍电工实验室工频电源的配置之后,用试电笔测量配电板上的各接线柱和插座各插孔,判别火线和地线。

(2)将万用表的有关转换开关都置于测量交流电压的挡位上,然后用它测量配电板各接线柱之间的电压,以及各插座插孔间的电压,并将实验数据记入表4-19中。

表4-19 实验数据(一)

被测电压	插座插孔之间				接线柱之间					
	U_{12}	U_{34}	U_{56}	U_{78}	U_{L_1N}	U_{L_2N}	U_{L_3N}	$U_{L_1L_2}$	$U_{L_2L_3}$	$U_{L_3L_1}$
测量数据										

注:下角数字指插孔的序号;L_1、L_2、L_3 指三相。

在不知被测电压大小的情形下,要先从最大量限开始试测,若仪表指示小于一半量限时,应考虑更换量限。读数时,要找准对应交流电压的刻度线,正确读取仪表指示值。实验中,不准用手触摸电路中导体的裸露部分。

(二)初步认识单相调压器

按图4-8所示原理电路接线,经同组同学之间互查接线后接通电源。由零开始逐步调高调压器的输出电压值,观察接至调压器输出端 a 的试电笔其氖泡何时开始发光。将试电笔氖泡开始发光的电压 U_{1i} 以及调压器最大输出电压的有效值 U_{max} 记录在表4-20中。

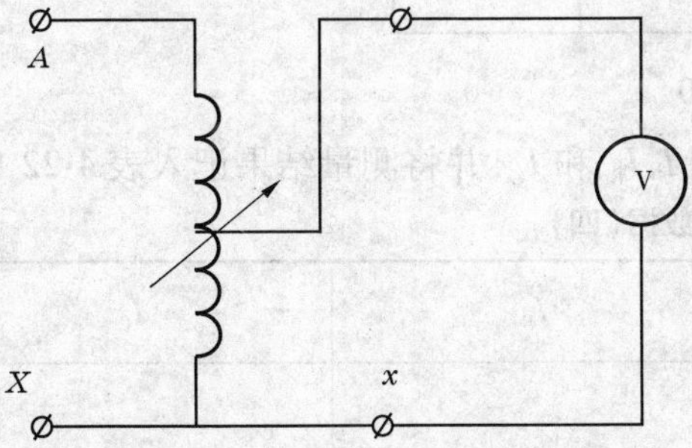

图4-8

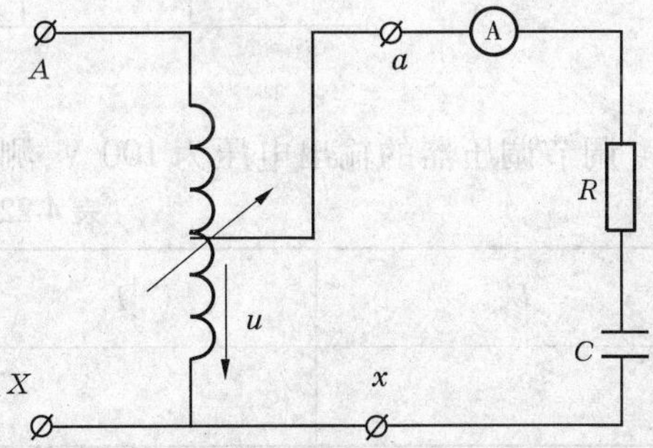

图4-9

表4-20 实验数据(二)

被测电压	U_{1i}	U_{max}
电压表指示值		

图 4-8 所示接线中,电压表宜先用 150 V 量限,然后根据调压器的输出电压大小适时更换量限。

(三)同频率正弦量的加减

(1)按图 4-9 所示原理电路接线,其中,R 取滑线电阻的全部电阻(0 ~ 120 Ω),C 取 16 μF,电流表用 1 A 量限。

经同学互查及指导教师复查确认接线无误后,接通电源,将带有测试棒的交流电压表并联在调压器的两个输出端钮上,调整调压器的输出电压 U 为 150 V 并不再改动,测量 U_R、U_C 和 I,并将测量结果记入表 4-21 中。

表 4-21　实验数据(三)

U	U_R	U_C	I

(2)根据图 4-10 所示原理电路接线,R 和 C 的取值仍和步骤(1)相同,电压表用 150 V 的量限,电流表用 1 A 的量限。

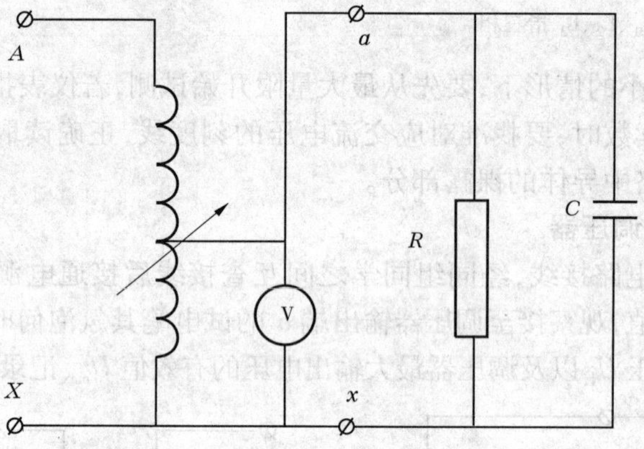

图 4-10

调节调压器的输出电压为 100 V,测量 U_{ax}、I、I_R 和 I_C,并将测量结果记入表 4-22 中。

表 4-22　实验数据(四)

U_{ax}	I	I_R	I_C

五、思考题

解释图 4-9 电路中,为什么 $U \neq U_R + U_C$

六、作业

写实验报告。

实验报告要求有以下两点：

(1)已知图 4-9 所示 RC 串联电路中，u_C 比 u_R 滞后 90°，试根据表 4-21 的实验数据按一定比例尺画出各电压的相量图。

(2)已知图 4-10 所示 RC 并联电路中，i_C 比 i_R 超前 90°，试根据表 4-22 的实验数据按一定比例尺画出各电流的相量图。

实验九　R、L、C 的频率特性

一、实验目的与要求

(1)练习使用低频信号发生器和晶体管电压表。

(2)测量 R、L、C 的频率特性。

二、仪器及设备

(1)低频信号发生器　1 台

(2)DA－16 型晶体管毫伏表　1 只

(3)滑线电阻(0～120 Ω,2.5 A)　1 只

(4)电容器(4 μF,1 000 V)　1 只

(5)空心线圈(L≈0.5 H,r≈25 Ω)　1 只

(6)电阻箱(0～9 999 Ω,0.2 级)　1 只

(7)单刀双掷开关　1 只

(8)单刀单掷开关　1 只

三、实验材料

导线若干。

四、实验内容及方法

按图 4-11 所示原理电路接线。信号发生器可由功率输出端输出电压，开关 S_1 和 S_2 预置在断开位置。图中 R 为滑线电阻的全部电阻(0～120 Ω)，R_0 为电阻箱阻值取 1 Ω，C 为 4 μF 电容器。

先将低频信号发生器中调节输出电压大小的旋钮置于最低挡位，然后接通工作电源，预热 10 min。

将晶体管毫伏表的两个测量电压的外端钮短接，然后接通工作电源，预热数分钟。

(一)测量电阻的频率特性

开关 S_2 合向点 B，S_1 断开。调节信号发生器输出正弦电压的频率分别为 20 Hz、

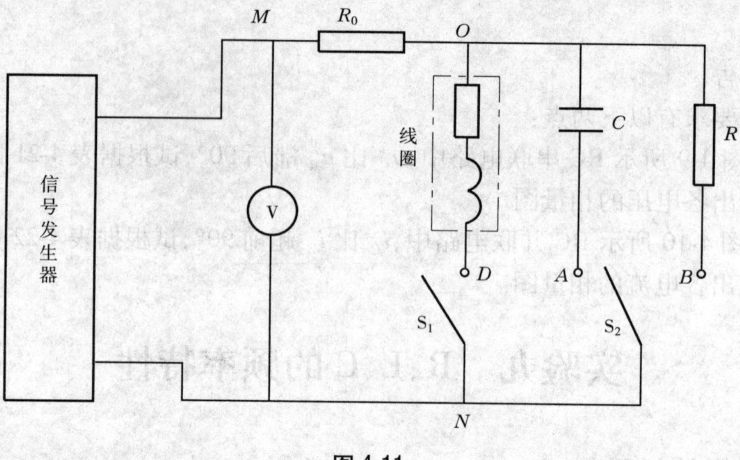

图 4-11

40 Hz、60 Hz、80 Hz、100 Hz、120 Hz、140 Hz，并维持输出电压的有效值为 3.0 V 不变，测量各种情形下 U_{BO}、U_{MO}。实验数据记入表 4-23 中。

表 4-23　实验数据(一)

频率的指定值(Hz)		20	40	60	80	100	120	140
测量数据	U_{BO}(V)							
	U_{MO}(mV)							
计算值	$I_R=\frac{U_{MO}}{R_0}$(mA)							
	$R=\frac{U_{BO}}{I_R}$(Ω)							

按要求完成表 4-23 中的计算。各种情形下的$\frac{U_{BO}}{I_R}$值应在实验误差范围内保持一致。

(二)测量电容的频率特性

开关 S_2 改合向点 A，S_1 仍然断开。调节信号发生器输出电压的频率分别为 40 Hz、80 Hz、120 Hz、160 Hz、200 Hz、240 Hz、280 Hz，并维持输出电压的有效值为 3.0 V 不变，测量各种情形下 U_{AO}、U_{MO}。实验数据记入表 4-24 中。

表 4-24　实验数据(二)

频率的指定值(Hz)		40	80	120	160	200	240	280
测量数据	U_{AO}(V)							
	U_{MO}(mV)							
计算值	$I_C=\frac{U_{MO}}{R_0}$(mA)							
	$X_C=\frac{U_{BO}}{I_C}$(Ω)							

按要求完成表 4-24 中的计算。各种情形下的$\frac{U_{AO}}{I_C}$值应在实验误差范围一致。

(三)测量电感的频率特性

开关 S_2 断开,开关 S_1 合上。调节信号发生器输出正弦电压的频率分别为 100 Hz、200 Hz、300 Hz、400 Hz、500 Hz、600 Hz、700 Hz,并维持输出电压的有效值为 3.0 V 不变,测量各种情形下 U_{DO}、U_{MO}。实验数据记入表 4-25 中。

表 4-25　实验数据(三)

频率的指定值(Hz)		100	200	300	400	500	600	700
测量数据	U_{DO}(V)							
	U_{MO}(mV)							
计算值	$I_L=\frac{U_{MO}}{R_0}$(mA)							
	$X_L=\frac{U_{BO}}{I_L}$(Ω)							

按要求完成表 4-25 中的计算。各种情形下的$\frac{U_{DO}}{I_L}$值应在实验误差范围一致。

五、思考题

为什么在使用晶体管电压表时,每更换一次量限都应进行电气调零?

六、作业

写实验报告。

实验报告要求有以下几点:

(1)根据表 4-23、表 4-24、表 4-25 的数据,分别作出 $R(f)$、$X_C(f)$、$X_L(f)$ 等频率特性曲线。

(2)分析任意一个$\frac{U_{BO}}{I_R}$间接测量结果的误差,仪表的附加误差和测量方法误差均忽略不计。

(3)针对此次实验所用的信号发生器,要输出频率为 1.7 kHz、有效值为 0.3 V 的正弦电压,该如何操作,写出其程序。

(4)分析要测以下电压,应选 0.5 级、150 V 量限、内阻抗足够大的电磁系电压表还是晶体管电压表:

①50 Hz、有效值约 100 V 的正弦电压;

②50 kHz、有效值约 100 V 的正弦电压;

③50 Hz、有效值约 2.0 V 的正弦电压。

实验十　用电子示波器观测信号波形

一、实验目的与要求

(1)初步认识电子示波器面板旋钮的功用。

(2)练习用电子示波器观测信号波形。

(3)进一步熟悉信号发生器的使用。

二、仪器及设备

(1)电子示波器　　1台

(2)低频信号发生器　　1台

三、实验材料

导线若干。

四、实验内容及方法

(1)检查示波器通电前各主要旋钮开关的位置是否符合要求。示波器准备采用连续扫描的工作方式。

(2)核对市电电源是否符合仪器要求之后,接通示波器以及低频信号发生器的工作电源,预热 10 min 左右。

(3)顺时针调节示波器的"辉度"旋钮,使荧光屏上出现一条适当亮度的光迹;调"X 轴移位"和"Y 轴移位"旋钮,使亮线的位置适中;反复调节"辉度"、"聚焦"、"辅助聚焦"旋钮,使光迹成为宽 1 mm 左右的清晰亮线。

(4)调节低频信号发生器输出频率为 50 Hz、有效值为 5 V 的正弦电压,将信号引至示波器的"Y 输入"端钮或插座。

(5)先调节示波器的"Y 轴衰减"、"Y 增益"旋钮或"V/div"、"V/cm"及其微调旋钮,使荧光屏上出现的图形在垂直方向的幅度合适。调节"扫描范围"旋钮,然后调节"扫描微调"旋钮,或者是调节"s/cm"、"t/div"开关及其微调旋钮,有的示波器还可以调节"整步增幅"、"稳定性"等旋钮,使在荧光屏上观察到两个周期的稳定清晰的波形。

只改变"Y 增益"旋钮(或"V/cm"、"V/div"的微调旋钮)位置,观察波形在垂直方向上的幅度变化。

只改变"Y 轴衰减"旋钮(或"V/cm"、"V/div"开关)位置,观察波形在垂直方向上的幅度变化。

只改变"X 轴移位"旋钮位置,观察波形位置变化。

只改变"Y 轴移位"旋钮位置,观察波形位置变化。

只改变"扫描范围"旋钮(或"s/cm"、"t/div"开关)位置,观察波形的变化。

只将"扫描范围"旋钮旋到"关"或"外 X"位置(或只将"+、-、EXT"开关置"EXT"位置),而 X 输入为零,观察波形的变化。

(6)分别调节信号发生器的信号频率为 500 Hz 和 5 kHz,重新调节示波器面板旋钮,使在荧光屏上观察到两个周期的稳定清晰的波形。

五、思考题

分析示波器能否直接观测正弦电流的波形。若不能,该怎么办?试简要说明实验方案。

六、作业

写实验报告。

实验报告要求:总结使用示波器定性观测电压波形的步骤。

实验十一　RLC 串联谐振

一、实验目的与要求

(1)学习使用电动系单相功率因数表。

(2)观察电路当电容箱电容量 C 不同时,可分别呈感性、容性和电阻性(即谐振)。

(3)加深对串联谐振主要特点的理解。

二、仪器及设备

(1)TSGC$_2$ -1 型单相调压器(1 kVA,0 ~ 250 V)　1 台

(2)BX8 -12 型滑线电阻(0 ~ 215 Ω,2 A)　1 只

(3)空心线圈　1 只

(4)FMBe 型可变电容箱(0 ~ 22 μF)　1 台

(5)D26 - cosφ 型单相功率因数表　1 只

(6)T21 型交流电流表(0 ~ 2.5 A,0.5 级)　1 只

(7)T21 - V 型交流电压表(300 V/600 V,0.5 级)　1 只

(8)DT -992288B 型万用表　1 只

三、实验材料

导线若干。

四、实验内容及方法

(1)按图 4-12 所示原理电路接线。图中 R 用滑线电阻的全部电阻,C 为电容箱并预先投一个电容器,电流表量限为 1 A,电压表量限为 150 V,单相功率因数表电流线圈的量限与电流表的量限相同,其电压线圈的量限与电压表的量限相同或接近。

接线时,注意按"先主后辅、先串后并"的接线原则,从调压器的输出端 A 出发,依次串联功率因数表的电流线圈、电阻 R、电流表、电容箱 C、空心线圈,回到 X 端,然后再分别将功率因数表的电压线圈以及电压表并联在电路上。

本次实验用到的仪器设备较多,布局应力求整齐,方便读数。同时,注意选用连接导线的长短和颜色。

(2)经认真自查实验接线后,接通电源,将调压器输出电压的有效值调至 100.00 V。使用万用表合适的交流电压挡,测量 U_R、U_C 和 U_{rL}。将电压表、电流表、功率因数表以及万用表交流电压挡的指示值记入表 4-26 中。

$$\dot{U} = (R_1\dot{I}_a + j\omega L_1\dot{I}_a + j\omega M\dot{I}_a) + (R_2\dot{I}_a + j\omega L_2\dot{I}_a + j\omega M\dot{I}_a)$$

$$= (R_1 + R_2)\dot{I}_a + j\omega(L_1 + L_2 + 2M)\dot{I}_a$$

即顺接(异名端相连接)情形的等效电感 $L_a = L_1 + L_2 + 2M$。

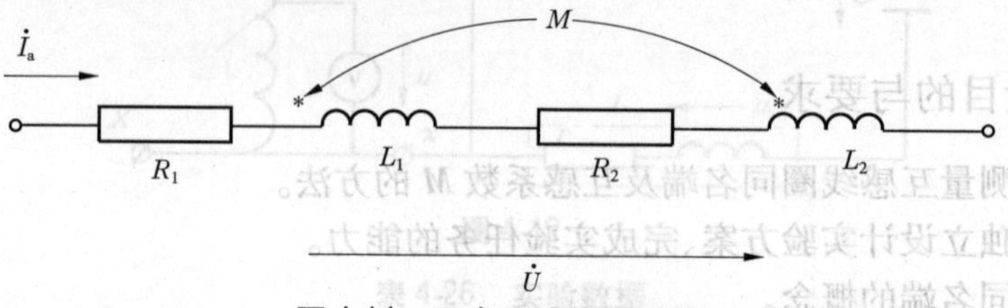

图 4-14　两个互感线圈顺接

两互感线圈反接的情形如图 4-15 所示,可以写出

$$\dot{U} = (R_1\dot{I}_b + j\omega L_1\dot{I}_b - j\omega M\dot{I}_b) + (R_2\dot{I}_b + j\omega L_2\dot{I}_b - j\omega M\dot{I}_b)$$

$$= (R_1 + R_2)\dot{I}_b + j\omega(L_1 + L_2 - 2M)\dot{I}_b$$

即反接(同名端相连接)情形的等效电感 $L_b = L_1 + L_2 - 2M$。

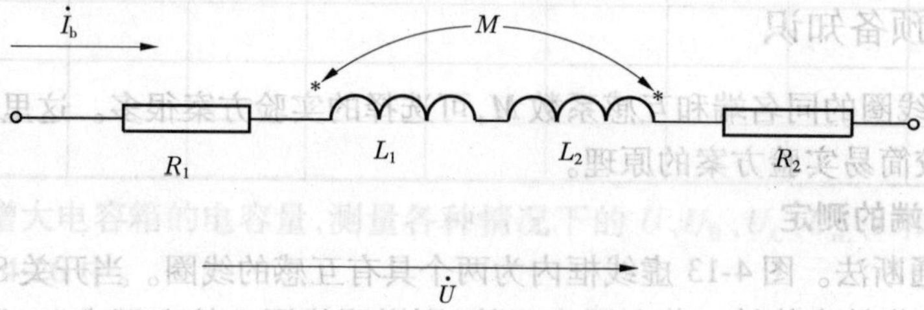

图 4-15　两个互感线圈反接

由于两互感线圈顺接时的等效电感 L_a 大于反接时的等效电感 L_b,两不同接法的电路相同的正弦电压,前一情形的电流有效值会小于后一情形的。根据这一结论,当不知道两互感线圈的同名端时,可将这两线圈随意串接上适当的正弦电压,然后将其中一个线圈的两端对调再串接于同一正弦电压,分别测两种情形的电流有效值。如果第二次电流比第一次的大,则说明第二次是反接情形,即两线圈的同名端连接在一起;反之,则说明第二次是正接情形,即两线圈的异名端连接在一起。

等效电感法只适用于两个互感线圈是空心线圈的情形。

(3)交流判定法。先用万用表测出同一绕组的两个端头,按图 4-16 所示电路接线并将单相变压器一次绕组和二次绕组的出线端标号(A—X,a—x),然后将 X 和 x 相连接。

在 A—X 间加适当的交流电压(50 ~100 V),用电压表分别测 A—X 的电压 U_{AX},a—x 的电压 U_{ax} 及 A—a 的电压 U_{Aa}。若 $U_{Aa} \approx U_{AX} - U_{ax}$,则 A、a 为同名端(也称为减极性);若 $U_{Aa} \approx U_{AX} + U_{ax}$,则 A、a 为非同名端(也称为加极性)。

(二)互感系数 M 的测定

互感系数 M 可采用开路电压法测定。利用图 4-16 原理电路(此时不用 X 和 x 之间的连线),如果电源角频率 ω 已知,在电流表测出 I_1 和内阻足够大的电压表测出 U_{ax} 后,可

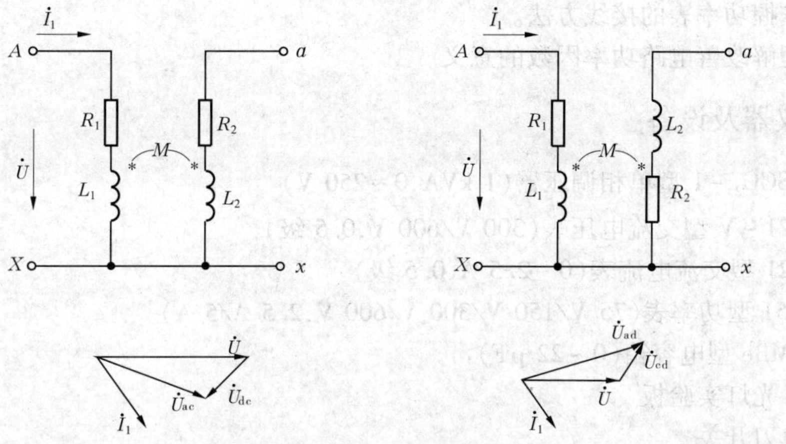

图 4-16　交流判定法的原理电路

根据 $M=\dfrac{U_{ax}}{\omega I_1}$确定互感系数。

四、实验任务

利用所提供的仪器设备，设计一个测定互感线圈同名端及互感系数 M 的方案，并最终得到测量结果。因实验方案很多，应综合考虑各种实际问题，力求拟定出较为简单、易行、安全、准确的实验方案。自拟的实验方案须经教师审批后，才可实施。

五、教学建议

(1)如果选用的是两个相对位置可以改变的空心线圈，则可以通过实验观察两互感线圈相对位置的改变导致互感系数 M 的改变情况（图 4-16 所示电路中，ω 和 I_1 不变时，$U_{ax}R$ 的变化即反映了互感系数 M 的变化）。

(2)可设法验证线圈 1 对线圈 2 的互感系数等于线圈 2 对线圈 1 的互感系数，即 $M_{12}=M_{21}$。

六、作业

写实验报告。

实验报告要求：实验后，计算出互感系数 M 的大小，并分析这一测量结果的相对误差。分析时，仪表的附加误差及测量方法误差略去不计。

实验十三　日光灯电路

一、实验目的与要求

(1)熟悉日光灯的接线，了解日光灯的工作原理。

(2)掌握功率表的接线方法。
(3)理解改善电路功率因数的意义。

二、仪器及设备

(1)$TSGC_2$ -1 型单相调压器(1 kVA,0~250 V) 1台
(2)T21-V 型交流电压表(300 V/600 V,0.5 级) 1只
(3)T21 型交流电流表(0~2.5 A,0.5 级) 1只
(4)D51 型功率表(75 V/150 V/300 V/600 V,2.5 A/5 A) 1只
(5)FMBe 型电容箱(0~22 μF) 1台
(6)日光灯实验板 1块
(7)单刀开关 1只

三、实验材料

导线若干。

四、实验内容及方法

(1)按图 4-17 连接线路(电容 C 不接)。

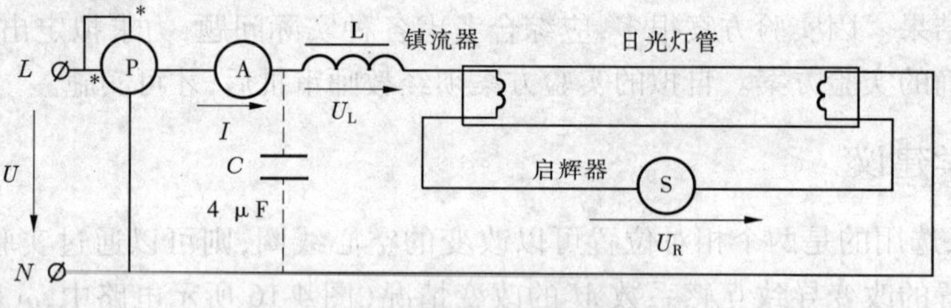

图 4-17 日光灯电路接线图

(2)分别测量电流 I 以及电源电压 U、镇流器电压 U_L、灯管电压 U_R 和有功功率 P,计算功率因数 $\cos\varphi$,并将所得数据记入表 4-27 中。

表 4-27 实验数据(一)

被测量	电流 I(A)	电源电压 U(V)	镇流器电压 U_L(V)	灯管电压 U_R(V)	有功功率 P(W)	功率因数 $\cos\varphi$
电容 C 开路						

(3)在图 4-17 所示电路中,接入一个 4 μF/400 V 的电容器,打开电源,观察各电压和电流的变化,计算功率因数 $\cos\varphi$,并将所得数据记入表 4-28 中。

表 4-28 实验数据(二)

被测量	电流 I(A)	电源电压 U(V)	镇流器电压 U_L(V)	灯管电压 U_R(V)	有功功率 P(W)	功率因数 $\cos\varphi$
电容 C=4 μF						

五、思考题

电源电压 U 是否为镇流器电压 U_L 和灯管电压 U_R 之和？为什么？

六、作业

写实验报告。

实验报告要求回答如下两个问题：

(1)电路中并入电容后电流 I 有什么变化？有何实际意义？

(2)若日光灯电路在正常的电压作用下不能启辉，如何用万用表查出故障部位？试写出简捷的解决步骤。

实验十四 单相电度表的认识实验

一、实验目的与要求

(1)熟悉单相电度表的接线。

(2)观察电度表的启动电流、潜动和电度表铝盘的反转。

(3)了解电度表的校验方法。

二、仪器及设备

(1)$TSGC_2-1$ 型单相调压器(1 kVA,0 ~250 V)	1 台
(2)T21 - V 型交流电压表(300 V/600 V,0.5 级)	1 只
(3)T21 型交流电流表(0 ~2.5 A,0.5 级)	1 只
(4)D51 型功率表(75 V/150 V/300 V/600 V,2.5 A/5 A)	1 只
(5)DD862 - 4 型单相电度表(220 V,2.5 A/10 A)	1 只
(6)秒表	1 块
(7)滑线电阻	1 只
(8)单刀开关	1 只

三、实验材料

导线若干。

四、实验内容及方法

(一)观察电度表潜动

首先按图 4-18 所示原理电路接线。然后，断开电流回路，使负载电流为零。调节调压器的输出电压为电度表额定电压的 80% ~110%。观察电度表有无潜动。

(二)使用秒表、功率表校验单相电度表

将电度表的接线盒内的电压线圈和电流线圈的连片断开。按图 4-18 接线，认真检查

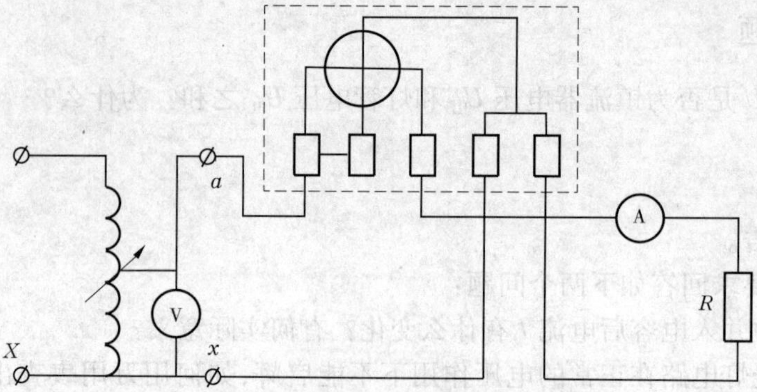

图 4-18　观察电度表潜动的原理电路

线路。然后按表 4-29 的要求，记录电度表铝盘转 10 圈所需要的时间 t 和功率表的指示值 P，并且计算电度表的相对误差 γ 和电度表铝盘转 10 圈所需要的理论时间 T。

电度表铝盘转 10 圈所需要的理论时间 T 为

$$T = 3.6 \times 10^6 \frac{N}{C \cdot P}$$

式中　N——电度表铝盘转数（N 是由实验指定的数据）；

C——电度表常数，r/kW · h；

P——功率表的指示值，W。

电度表的相对误差为

$$\gamma = \frac{T - t}{T} \times 100\%$$

表 4-29　实验数据

电度表型号：				电度表常数 C：			额定电流 I_N：		
项目		给定数据				测量数据		计算数据	
		U	I	N	$\cos\varphi$	t	P	T	γ
单位		V	A	T		s	W	s	
顺序	1								
	2								
	3								

（三）观察电度表铝盘的反转及启动电流

（1）在图 4-18 的实验电路中，将调压器的输出电压由零逐渐调高，同时观察电度表铝盘的转动及电流表的指示值，测量铝盘开始转动时的最小电流（为了测量方便，电流表可换用毫安表）。

（2）在图 4-18 的实验电路中，将电度表的电流线圈反接。电压线圈的电压为 220 V，调节调压器的输出电压，使电流线圈的电流为额定电流的 10%，观察铝盘反转。

五、作业

写实验报告。

实验报告要求:完成表 4-29 中的计算。

实验十五 线圈参数的测定

一、实验目的与要求

(1)加深对正弦交流电路阻抗概念的理解。

(2)掌握三表法(电压表、电流表、功率表)测线圈参数。

二、仪器及设备

(1)QJ23 型直流单臂电桥 1 只

(2)J2354 - 2 型滑线电阻(0 ~ 200 Ω) 1 只

(3)D51 型功率表(75 V/150 V/300 V/600 V,2.5 A/5 A) 1 只

(4)T21 型交流电流表(0 ~ 2.5 A,0.5 级) 1 只

(5)T21 - V 型交流电压表(300 V/600 V,0.5 级) 1 只

(6)$TSGC_2$ - 1 型单相调压器(1 kVA,0 ~ 250 V) 1 台

(7)被测电感线圈 1 只

三、实验材料

导线若干。

四、实验内容及方法

(1)按图 4-19 所示原理电路接线。其中,R 为滑线电阻,且取最大阻值。

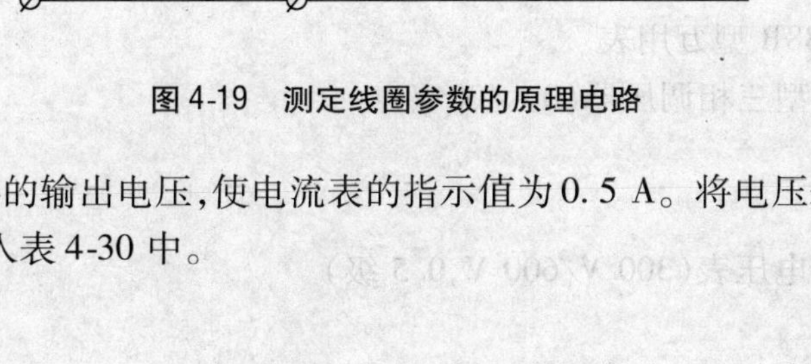

图 4-19 测定线圈参数的原理电路

(2)调节调压器的输出电压,使电流表的指示值为 0.5 A。将电压表的指示值 U 和功率表的指示值 P 记入表 4-30 中。

表 4-30　实验数据

测量数据					计算数据	
仪表指示值			电桥测量结果		$r=\frac{P}{I^2}-R$	$L=\frac{\sqrt{\left(\frac{U}{I}\right)^2-(R+r)^2}}{\omega}$
U	I	P	R	r		

(3)断开电源拆线后，用直流单臂电桥测量滑线电阻 R 以及线圈的电阻 r，测量结果记入表 4-30 中。

五、思考题

将电桥所测线圈电阻 r 的结果看成实际值，计算用三表法测 r 所得结果的相对误差。

六、作业

写实验报告。

实验报告要求：完成表 4-30 内所要求的计算。

实验十六　星形负载的三相电路

一、实验目的与要求

(1)学习三相星形负载的正确连接。

(2)学习使用三相调压器。

(3)学习使用钳表。

(4)了解中线的作用；获得 Y－Y 不对称三相电路的中性点电压一般不为零的感性认识；验证 Y 形负载相电压对称时一定有 $U_1=\sqrt{3}U_p$ 的关系。

二、仪器及设备

(1)T21 型交流电流表(0～2.5 A,0.5 级)	4 只
(2)DT－992288B 型万用表	1 只
(3)$TSGC_2-3$ 型三相调压器(0～400 V)	1 台
(4)试电笔	1 支
(5)钳表	1 只
(6)T21－V 型电压表(300 V/600 V,0.5 级)	1 只

(7)三相电灯负载　　1只

三、实验材料

导线若干。

四、实验内容及方法

(1)将三只相同规格的电灯按图4-20所示原理电路连接。合上开关S,测量对称星形负载在三相四线制电路(有中线)中的线电压、负载相电压、各线(相)电流和中线电流,将测量结果记入表4-31中。

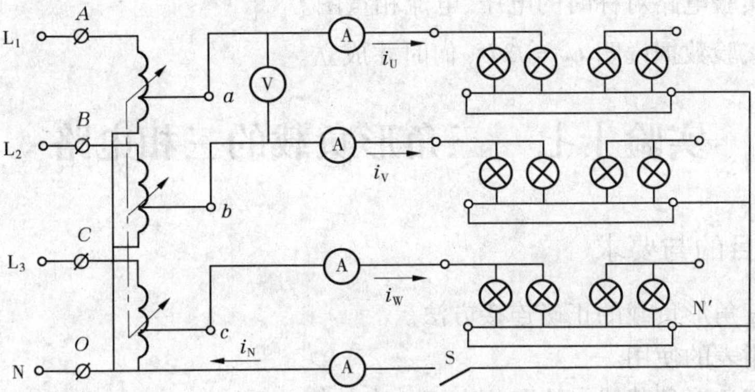

图4-20　星形负载的三相电路示意

表4-31　实验数据

测量项目		线电压(V)			负载相电压(V)			线(相)电流(A)			中线电流	中点移位电压
		U_{AB}	U_{BC}	U_{CA}	U_A	U_B	U_C	I_A	I_B	I_C	I_N	$U_{N'N}$
对称负载	有中线											
	无中线											
不对称负载	有中线											
	无中线											

(2)打开开关S,测量对称星形负载在三相三线制电路(无中线)中的线电压、负载相电压、各线(相)电流和中点移位电压,将测量结果记入表4-31中。

(3)用一只不同规格的灯泡换下上述实验电路中的A相灯泡。合上开关S,测量不对称星形负载在三相四线制电路(有中线)中的线电压、负载相电压、各线(相)电流和中线电流,将测量结果记入表4-31中。

(4)打开开关S,测量不对称星形负载在三相三线制电路(无中线)中的线电压、负载相电压、各线(相)电流和中点移位电压,将测量结果记入表4-31中。

五、思考题

(1)根据实验数据,分析说明中线在各种负载情况下的作用。

(2)通过实验分析,说明中线上是否能装保险丝或开关。

六、作业

写实验报告。

实验报告要求有以下两点:

(1)画出实验电路对称时的电压、电流相量图。

(2)根据实验数据说明 $U_1=\sqrt{3}U_p$ 何时才成立。

实验十七　三角形负载的三相电路

一、实验目的与要求

(1)学习三角形负载的正确连接方法。

(2)熟悉钳表的使用。

(3)研究三角形负载线电流和相电流的有效值关系。

二、仪器及设备

(1) $TSGC_2-3$ 型三相调压器(0~400 V)	1台
(2)T21型交流电流表(0~2.5 A,0.5级)	3只
(3)T21-V型交流电压表(300 V/600 V,0.5级)	1只
(4)钳表	1只
(5)三相电灯负载	1只
(6)单刀开关	1只

三、实验材料

导线若干。

四、实验内容及方法

按图4-21所示原理电路接线。其中,开关 S_1、S_2 可预置在闭合状态。

(一)负载对称情形

在开关 S_1 和 S_2 都闭合、三角形负载对称的情形下,接通三相电源。调节三相调压器的输出电压 U_{ab} 为380 V,测量负载的各相电压、线电流、相电流的有效值,将实验数据记入表4-32中。

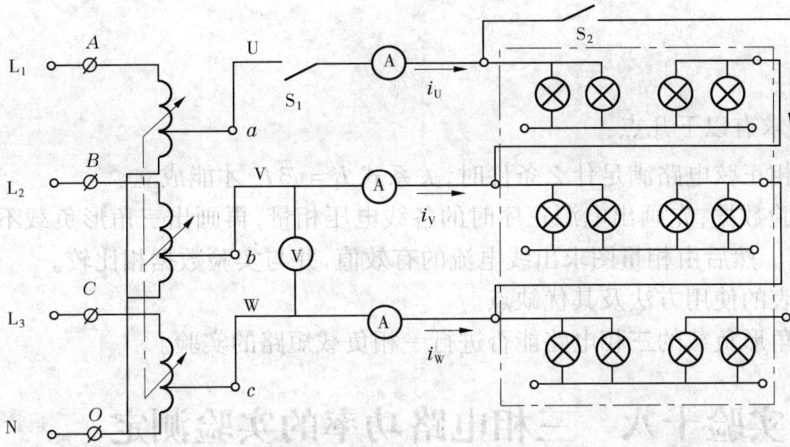

图 4-21　三角形负载的三相电路示意

表 4-32　实验数据

电路工作状态	线电压			线电流			负载相电流		
	U_{ab}	U_{bc}	U_{ca}	I_U	I_V	I_W	I_{UV}	I_{VW}	I_{WU}
负载对称									
原先对称的负载一相断路									
一根端线断线									
三角形负载不对称									

(二)原先对称的负载一相断路的情形

开关 S_1 仍然闭合,开关 S_2 打开,接通三相电源。在三相调压器输出电压 U_{ab} 为 380 V 的情形下按表 4-32 的要求进行测量并记录测量结果。

做本项实验时,负载相电流可用钳表进行测量。

(三)一根端线断线的情形

开关 S_2 闭合,开关 S_1 断开,接通三相电源。在三相调压器输出电压 U_{ab} 为 380 V 的情形下按表 4-32 的要求进行测量并记录测量结果。

(四)三角形负载不对称情形

三角形负载对称时,每相负载为相同规格的电灯两两并联之后再串联组成的。现从 U 相取下两只灯泡,使 U 相负载为两只相同规格的灯泡串联组成。S_1 和 S_2 两个开关均闭合,仍调节调压器输出电压 U_{ab} 为 380 V,测量各线电压、线电流和负载相电流,并将测量结果记入表 4-32 中。

五、思考题

不用三相调压器能否完成本次实验的各项测量?为什么?

六、作业

写实验报告。

实验报告要求有以下几点：

(1)归纳三相正弦电路满足什么条件时，关系式 $I_l=\sqrt{3}I_p$ 才能成立。

(2)根据实验数据，先画出电源正序时的各线电压相量，再画出三角形负载不对称时的各相电流相量。然后由相量图求出线电流的有效值，并与实验数据相比较。

(3)总结钳表的使用方法及其优缺点。

(4)分析三角形负载的三相电路能否进行一相负载短路的实验。

实验十八　三相电路功率的实验测定

一、实验目的与要求

(1)掌握三相电路有功功率的常用测量方法。

(2)掌握功率表的使用方法和测量原理。

(3)了解三表跨相法测三相无功功率。

二、仪器及设备

(1)$TSGC_2-3$ 型三相调压器(3 kVA,0 ~ 430 V)　1 只

(2)D51 型功率表(75 V/150 V/300 V/600 V,2.5 A/5 A)　2 只

(3)三相电灯负载　1 只

(4)FMBe 型电容器箱(0 ~ 22 μF)　1 台

(5)钳表　1 只

(6)DT - 992288B 型万用表　1 只

(7)T21 型电流表(0 ~ 2.5 A,0.5 级)　3 只

三、实验材料

导线若干。

四、实验内容及方法

(一)测量星形负载三相电路的有功功率

1. 接线

按图 4-22 所示原理电路接线。其中，开关 S_N 预置在断开位置。因功率表只有一只，功率表暂不接入电路而是相应地在各端线串接一只电流表。

每盏灯的规格为“220 V、40 W”。C 为电容器，且取值 4 μF。

2. 无中线情形

接通三相电源，用万用表的交流电压挡粗测负载各线电压、相电压有效值，用钳表粗

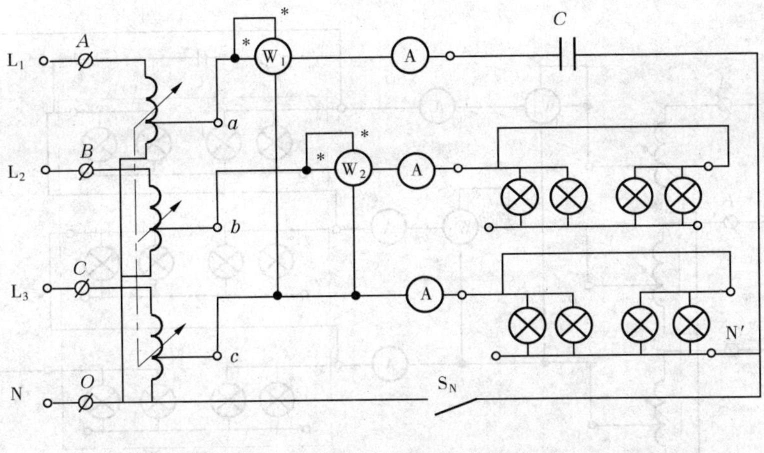

图 4-22　测量星形负载三相电路有功功率的原理电路

测负载各线电流有效值，以便根据所得数据正确选用功率表的电压量限和电流量限。读取功率表 W_1、W_2 实验数据并记入表 4-33 中。

表 4-33　实验数据(一)

电路工作状态	二表法		
	测量数据		计算数据
	P_1(W)	P_2(W)	$P=P_1+P_2$(W)
无中线			
有中线			

3. 有中线情形

合上开关 S_N，接通三相电源，用万用表交流电压挡重新测量负载相电压有效值，用钳表重新测量负载各线电流有效值。之后，重新考虑正确选用功率表的电压量限和电流量限，按无中线时的操作程序依次读取各功率表的指示值并记入表 4-33 中。

(二)测量三角形负载三相电路的有功功率

1. 接线

按图 4-23 所示原理电路接线。其中，开关 S 预置在断开位置；各功率表均未实际接线而在各端线串联一只电流表；每盏灯的规格仍为“220 V、40 W”；C 为电容器，且取值为 11 μF。

2. 三角形负载对称情形

(1)接通三相电源，用钳表粗测负载线电流有效值，以便正确选用功率表的电流量限，仍按规定接好功率表。

(2)仿照星形负载情形的操作程序，读取功率表 W_1、W_2 的指示值 P_1、P_2 并记入表 4-34中。

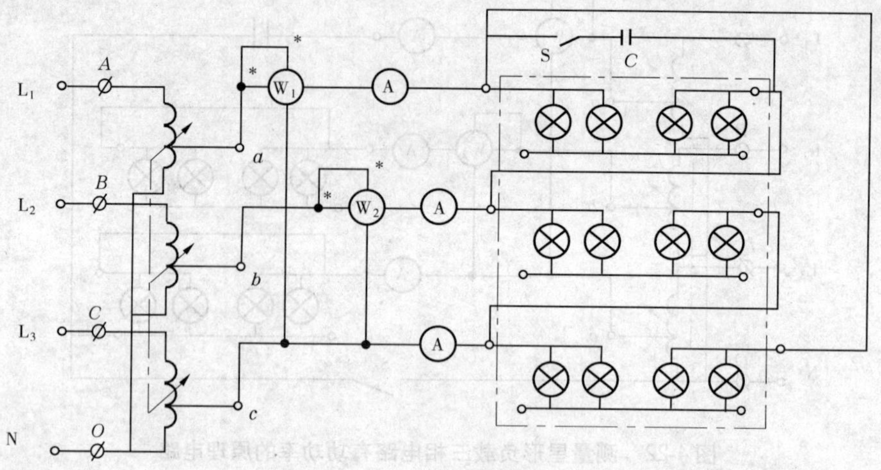

图 4-23　测量三角形负载三相电路有功功率的原理电路

表 4-34　实验数据(二)

电路工作状态	测量数据		计算数据
	P_1(W)	P_2(W)	$P = P_1 + P_2$(W)
三角形负载对称			
三角形负载不对称			

3. 三角形负载不对称情形

(1)合上开关 S,接通三相电源,用钳表粗测负载的各线电流有效值,以便正确选用功率表的电流量限。

(2)读取功率表 W_1、W_2 的指示值 P_1、P_2并记入表 4-34 中。

4. 校核数据

对称三角形电阻负载的情形,$P_1 = P_2$;在本项实验中,对称情形和不对称情形时的三相总有功功率 P 应相同。据此,校核表 4-34 中的数据是否合理。

五、预习要求

(1)本实验的项目较多,应认真阅读实验指导书,明确实验目的和方法。

(2)若在图 4-23 所示实验电路中,已知开关 S 打开时负载相电流有效值均为 0.35 A,开关 S 闭合时电容电流有效值为 1.5 A,试作出开关闭合后各线电压、相电流、线电流的相量图,分析两功率表指针的可能偏转方向。

六、注意事项

(1)将功率表电流线圈和电流插头相配合,并按图 4-22 接线时,应使电流线圈的"发电机端"接在靠电源的一侧。按照这样正确的接线方式进行测量时,如果功率表反偏,说明其指示值小于零。此时,为了读取实验数据,应将功率表上的换向开关由"+"转至

"－"或者对调该功率表电流线圈两个端钮的接线。

(2)星形不对称实验时，有一相电灯电压超过其额定电压，实验时间不宜太长。

(3)要根据有关电压、电流的大小，适时更换功率表的电压量限和电流量限，能用小量限时不用大量限。

七、作业

写实验报告。

实验报告要求有以下两点：

(1)分析图4-22所示实验电路中的开关 S_N 闭合时，功率表 W_1 和 W_2 指示值之和是否反映三相有功功率。

(2)完成表4-33、表4-34中的各项计算。

附录 日光灯简介

一、日光灯电路组成

日光灯电路由灯管、镇流器、启辉器三部分组成。附图1是日光灯电路,其中1是灯管、2是镇流器、3是启辉器。

灯管是一根细长的玻璃管,其内壁均涂有荧光粉,管内充有水银蒸汽和稀薄的惰性气体。在管子的两端装有灯丝,在灯丝上涂有受热后易发射电子的氧化物。镇流器是一个带有铁芯的电感线圈。启辉器内部结构如附图2所示。其中,1是圆柱形外壳;2是辉光管;3是辉光管内部的倒形双金属片;4是固定触头,通常情况下固定触头和双金属片是分开的;5是小容量的电容器;6是启辉器插头。

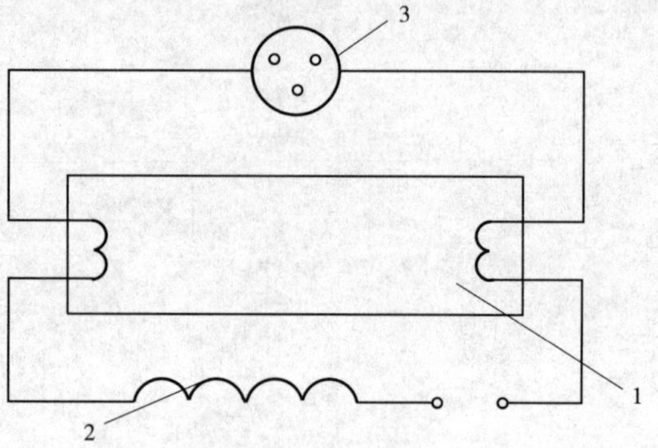

附图1　日光灯电路

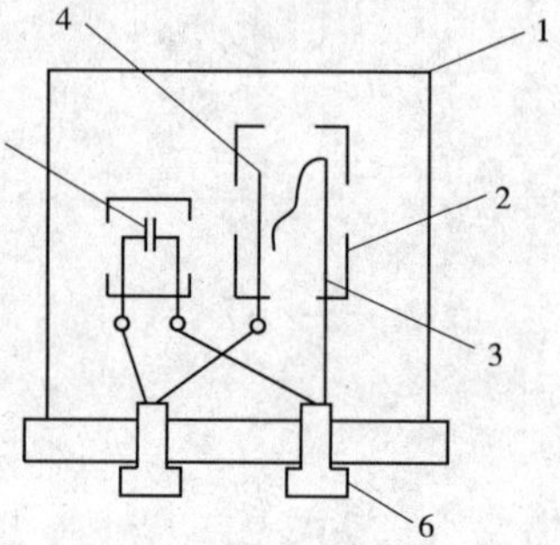

附图2　启辉器的内部结构

二、日光灯的启辉过程

当接通电源以后,由于日光灯没有点亮,电源电压全部加在启辉器的两端,使辉光管内两个电极放电,放电所产生的热使双金属片受热伸直,与固定触头接通。这时日光灯的灯丝与辉光管内的电极、镇流器构成一个回路。灯丝因通过电流而发热,从而使其所涂的氧化物发射电子。同时,辉光管内两个电极接通时电极之间的电压为零,辉光放电停止。双金属片因温度下降而复原,两电极脱离。在电极脱开的瞬间,回路中的电流因突然切断,立即使镇流器两端感应电压比原电源电压高得多。这个感应电压连同电源电压一起加在灯管两端,使灯管内惰性气体分子放电,同时辐射出不可见的紫外线,而紫外线激发灯管壁的荧光物质发出可见光。

日光灯点亮后,灯管两端的电压较低,不足以使启辉器辉光管放电。因此,启辉器只在日光灯起辉时有作用,一旦日光灯点亮,启辉器处在断开状态。此时镇流器、灯管通过的电流相等。由于镇流器与灯管串联并且感抗很大,因此可以限制和稳定电路的工作电流。

参 考 文 献

[1] 贺令辉.电工仪表与测量[M].北京:中国电力出版社,2006.
[2] 王慧玲.电路基础实验与综合训练[M].北京:高等教育出版社,2007.
[3] 吴涛.电工基础实验[M].北京:高等教育出版社,1994.